U0033304

尋找台灣味

許志滄——著

作者序

「一步一腳印」

出生於南投農家的我，父親是教師、母親則是種植茶葉，如此的生活環境讓我堅持遵守著「一步一腳印」的原則，在田地中辛苦種植茶苗、鋤草、採菜，眞的是粒粒皆辛苦。這樣的家庭背景養成了我務實的個性，且讓我體會最深的是農家經年累月、風吹日曬的結晶卻所得微薄。

小時的記憶中我最記得的就是幫忙母親煮飯、燒菜的過程，中學畢業後我投入廚師行業，苦習一技之長，回過頭來時，我已站在研發、烹調、結合的新價值取向中，農家出生的我，協助農民開展出產品精緻化的環節，將原本認爲是粗俗上不了臺面的野菜，重新整合賦予了農家、食材、創新、傳統四者合一的新面向。古早味能歷久不衰，而輕食化和國際化的展現更能贏得年輕族群與外國人的青睞，精準的抓出各種食材的特性，結合了新生命。

在菜色中用精緻爽朗的擺盤，別出心裁的搭配，讓一道道的料理都能表現出更多豐富的變化，且在許多大魚大肉中，更是要講究養生的新意，吃法也更是需要革新，讓健康、趣味取代早已浮濫的油膩感，柔軟的香氣中配合現代角度增添更多的含意。

我認爲對待美食的態度，就是用心的理念、積極地把握住每一次與食材的相處，讓我在每一個改變的機會中穩穩地把握住，絕對不讓今天遺失的靈感變成明天的遺憾，在這樣的觀念中我尋找到屬於我的台灣味，也找到我對於生活的態度。

許志滄

編者序

把台灣四十種知名地方小吃，
匯集成獨一無二的「台灣一品宴」

善用台灣各縣市農特產品結合廚藝研發精神和傳統美食，推陳出新，在這本食譜書裡呈現60道台灣新料理佳餚，由國際大獎金牌師傅許志滄研創、示範菜色，要您吃香喝辣「瘋台灣」。

發揚美食文化，鼓勵餐飲業發揮創意，台灣正繼往開來、融合古今、兼及地方吃食與國宴級品味，打造出前所未有的蓬勃面貌，同時水準達到國際級。

本書緣起於台中日華金典酒店曾花了三個月時間，把台灣四十種知名地方小吃，匯集成獨一無二的「台灣一品宴」，讓饕客一次吃透透！當時，金園餐廳以「台灣一品宴」爲招牌，運用四種本地著名的小米酒、紹興酒、高粱酒、冬瓜茶等飲品，再配合全台大家耳熟能詳的小吃等，讓饕客在一次盛宴中充分嘗遍全台各地美食特色，飲品與食物搭配得天衣無縫，因而一舉奪下最高榮譽。許志滄主廚說料理中「最花時間的是搭配總統魚的五道名產，不但要做出原味，還要做出精緻感」。五道名產包括湖澎金瓜炒米粉、嘉義土魠魚羹、斗六肉圓、士林蚵仔麵線、布袋蚵仔煎，都是現做的熱食，展現師傅的小吃功力，還得符合視覺美感。

由「一品宴」之中脫胎換骨的60道台灣料理菜色，範圍更加宏觀全方位、兼具懷舊與創新，一手掌握台灣農特產食材、特色美食、地方行腳風情好滋味，學廚藝、開店營生，全在寶典中。

編撰執行 林麗娟

推薦序

引人入勝的深厚滋味，
將是我們走到哪兒都會想念的家常味

本校餐飲管理系許志滄副教授年最新力作《尋找台灣味》一書，在萬衆期待下問世，研發出百餘道可口又美觀的料理，豐富的滿足各年齡層需求及增進料理樂趣。本書透過專業食品攝影圖片及鉅細靡遺製作方法，網羅了一鄉一特色的精華：宜蘭金棗豬腳、著名的台南府城蝦捲、九份草仔粿、布袋蚵仔煎、大甲芋泥鴨、東港烏魚子、客家梅干肉…等，道道令人垂涎欲滴，成果豐碩，這些引人入勝的深厚滋味，將是我們走到哪兒都會想念的家常味。

傳統產品在阿滄師及其所帶領之料理團隊的巧思下，以嶄新的面貌呈現。飲食文化受到許多元素的影響。除了區域性、宗教信仰、民俗風情外，隨著時間的變化、文化的演變，飲食習慣也不斷持續更新。不只這樣，還要加上現代化的烹飪技術、科技的影響，食品、食材也有所進步。換句話說，不管是烹飪的方式或材料，都跟以前有很多不一樣的地方。這個世界的演變非常快速，所以我們的知識也需要跟著進步。新的發想乃由於經驗的累積有出乎意料的呈現，並化整爲文字及圖片，期許更多美食愛好者分享，開拓創新的里程碑。

今聞集結資料成冊，編排出版分享讀者，值書付梓之際，特綴數言，表達心中感謝及祝福。我很樂見此豐碩成果──《尋找台灣味》的出版，爲本校餐飲管理系增添歡樂留下見證。

南開科技大學 校長 許騁鑫

推薦序

台灣不缺少美味，只缺少發現

阿滄師，是個古意又實在的人，不過袂憨慢講話，他有精彩的故事要說。

世界級的比賽、評審經歷自然不在話下，阿滄師還是個夢想家和故事家，爲了述說所愛土地的故事，他耕耘教學十餘載，承載以一人之力難以完成的志業，傳承他的熱情與好手藝。但他以身作則的腳步未因此停歇，阿滄師與台灣土地的故事，以筆、以照片、以食譜，傳述到各位讀者的手上。阿滄師一步一腳印，述說台灣土地，與其上所孕育的豐富物產、樸實農民，交織土地的故事。阿滄師沒有忘記那作爲他搖籃的南投土地，還有茁壯他，家中的那片紅白山藥和玉米田，餐桌下的故事，由阿滄師產地直送，用豐富、深厚的感情和變化萬千的色、香、味，直達你的碗盤。

尋找台灣味，可以說是阿滄師土地故事的集大成和新紀元。台灣各地好山好水的風味食材，經過阿滄師的開創與研發，色、香、味全面進化到了另一個檔次．將台灣土地孕育的豐富物產，賦予了回味無窮的好滋味與迴響不斷的眞摯感動。而這份感動也讓瑞康有這個幸運與阿滄師遇見，交錯交織出更多推廣台灣滋味的火花。

瑞康屋的員工和顧客們總是說，能在阿滄師的菜色裡品嘗到最原初而純粹的食材原味，卻又能夠擺盤得新潮亮眼，並且滋味好得立馬成爲他的俘虜。課程表一出，每每萬人空巷，一應萬諾；每次展演的佳餚，吸睛、搶鼻、勾走你的魂，緊緊抓住所有人的味蕾，我去到現場都不敢搶食，免得招致民怨。樸實的積累，將食材的原味相互搭配成華麗而層層疊疊的豐富滋味，在你的心中綿延不斷著下一次相遇的想念，蔚爲瑞康屋的坊間佳話。

草根性的活力不減，農產漁產的鮮味不退，因著阿滄師耕耘不斷的創造，土地的美好得以被看到。而有現在的這個機會，在各位讀者的手中和口中，細細品嘗、賞味。

台灣不缺少美味，只缺少發現。阿滄師是作爲味蕾嚮導的不二人選，看到這裡的讀者您不會後悔，快一起來加入，吃遍台灣的尋找旅程！

微微蔡 老師

推薦序

再現「台灣味」料理風華

台菜味料理，它不只是一道菜，它是近四百年來居住在這片土地上的人們生活智慧的累積；它不只是一頓飯，它是年復一年四季春夏秋冬農漁畜牧大地恩賜食材的呈現。同時它更是台灣人彼此相互交流、表達友誼和增進情感的一種生活模式。

可能有人會對台灣美食停留在「只有小吃，沒有大菜」的刻板印象，那是因爲台灣的小吃眞的太好吃了！但是台灣除了小吃，道地的台菜味更是美味！許志滄師傅憑借著多年的實務工作，不斷環島尋找更多的前輩經驗和在地食材，再搭配參加各種國內外的比賽，汲取各家精華，吃遍全球餐廳，獲得寶貴資源，融會貫通之後集結成冊，把這些原素都揉合在一起，形成一個符合現代的「台灣味」，相信所有人照著書中的步驟去做，必能嘗出當年阿嬤的味道，但是又呈現一種全新的相貌。

在此向大家誠心推薦，希望一起來尋找屬於我們的台灣味！

資深媒體人　焦志方

contents

目錄

Part 1

開胃小品 Appetizer

Part 2

肉 品 Main Course

Part 3

海鮮 Seafood

Part 4

小吃 Snack

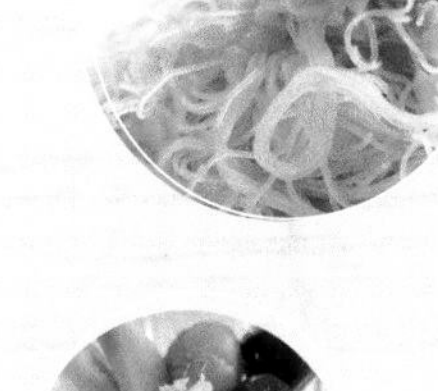

Part 5

點心 Dessert

Part 1

開胃小品

柴魚韭菜

Bonito Chinese Chives

{材料}

青韭菜　100克
細柴魚絲　10克

{調味料}

醬油膏　30克
細砂糖　15克
香油　5c.c.

{作法}

1 韭菜洗淨，汆燙後冰鎮，瀝乾水後再切成長段狀。
2 醬油膏、細砂糖、香油調勻成沾醬。
3 切好的韭菜擺入盤，拌入細柴魚絲，附上〈**作法2**〉沾醬即可食用。

大廚小訣竅

◆ 韭菜整棵汆燙後再切割，整體上會比較漂亮。多吃韭菜可以養肝，增加脾胃陽氣，增強精力。韭菜、銀芽都是台灣中式美食最常放在羹湯麵上以增加色澤和香氣的配料，春天生成的韭菜陽氣營養最高，宜趁鮮享用。

◆ 澎湖的柴魚絲味道鮮美，是可運用於湯羹、飯糰、壽司等食品的上等鮮貨。

繡球魚翅

Steam Shark Fin Balls

美味的分享

花枝丸子是很受歡迎的零食、下酒菜，新鮮花枝來自深海的美味，最好是每一粒花枝丸中都有一塊塊的花枝肉，Q感及咬勁十足，油炸後金黃亮麗的色澤與鮮甜味美，將讓人久久無法忘懷。

{材料}

花枝漿	50克	馬蹄	30克
魚漿	50克	粉蔥	1克
海虎翅	100克	高湯	適量
竹筍	30克	太白粉水	適量
香菇	20克	香菜	10克
紅蘿蔔	20克		

{調味料}

鹽	10克
細砂糖	15克
香油	20c.c.
白胡椒粉	適量

{作法}

1. 馬蹄、粉蔥洗淨後切末，備用。
2. 花枝漿、魚漿拌勻，擠成乒乓球般大小，裹上海虎翅，入蒸鍋內蒸熟。
3. 竹筍、香菇、紅蘿蔔各洗淨後切絲，加馬蹄末、粉蔥末、高湯、【調味料】，以太白粉水勾芡。
4. 淋上盛入大碗的繡球海虎翅丸，以香菜點綴。

大廚小訣竅

◆ 繡球魚翅可加入蒸好的干貝絲來吃，味道更鮮美。魚翅料理一般都用來煮羹，這道沾著材料的海鮮丸子，能吃到海鮮入口時的鮮美滋味。

◆ 台灣料理常常用到花枝漿、魚漿或海鮮漿製成的丸子等加工食用，散發出海島美食的風味。

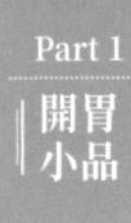

金桔土雞捲

Chicken Roll with Tangerine Sauce

{材料}

玉米雞腿	100 克
蘆筍	10 克
紅蘿蔔	10 克

{調味料}

A	蛋白	20 克
	細砂糖	10 克
	太白粉	10 克
	鹽	5 克
B	客家桔醬	20 克
	金桔汁	10c.c.
	蜂蜜	30 克

{作法}

1 玉米雞腿取肉，皮留用。

2 雞肉用慕斯機打成泥，與蛋白、細砂糖、太白粉、鹽調勻。

3 蘆筍、紅蘿蔔清洗後都切成條狀。

4 雞皮做底，上放雞肉泥，捲成條狀，蒸熟後切片成雞捲。

5 客家桔醬加入桔汁、蜂蜜，調成沾醬。

6 〈**作法 4**〉雞捲及〈**作法 3**〉蔬菜條擺入盤中，佐醬食用即可。

大廚小訣竅

◆ 比起純正土雞的結實肉質，玉米雞的肉質較有彈性，口感較好，香甜可口的玉米雞，是來自花東地區所飼養的放山雞，在好山好水好空氣環境下成長，吃玉米長大，十分健康，肉質清甜有咬勁，簡單以熱水汆熱或煮熟後再淋桔醬，非常美味。

◆ 桔醬本身有少許苦味，加入蜂蜜後，可使味道較為順口。

東港櫻花蝦

Sakura Shrimp of East Port

{材料}

櫻花蝦	50 克
蒜頭	5 克
粉蔥	5 克
紅辣椒	5 克

{調味料}

七味椒鹽粉	10 克
白胡椒粉	2 克
香油	2c.c.

{作法}

1 蒜頭、粉蔥、紅辣椒洗淨，切末備用。

2 櫻花蝦入油鍋中炸酥，先撈出，濾去多餘的油，油鍋中的餘油則留用。

3 〈**作法 1**〉放入鍋中以餘油爆香後，加進櫻花蝦、【**調味料**】拌炒。

4 擺入盤中，即可食用。

大廚小訣竅

◆ 炸蝦時油溫不可太高，以免過焦。可加入少許炸好的蒜酥，增加香氣。

◆ 櫻花蝦是東港三寶之一，台語稱它「花殼仔」，因外觀如同日本櫻花般可愛而得名，產於枋寮等海域，算是國寶級的美味海產，平日可以買到乾燥的真空包產品，所以一年四季也都可吃到，用來炒飯最是香噴噴、逗人食慾，加葵花籽去炒，則是一道創意炒飯，口感更加爽脆。

東港烏魚子

Snakehead Fish Eggs of East Port

{材料}

烏魚子	80克
白蘿蔔	40克
蒜苗	20克
白酒	50c.c.

{作法}

1 烏魚子沾上白酒微濕後，去除白膜，放入烤箱中微烤熱後，切片，排列入盤。

2 白蘿蔔、蒜苗洗淨後切片。

3 將〈**作法2**〉依序擺入盤中，可吃又可裝飾，是最佳的烏魚子片搭檔配菜。

大廚小訣竅

◆ 烏魚子可切丁，與蘋果一起食用，是不喜歡吃白蘿蔔片者理想的配菜。此外，烏魚子片也可烤好後切條狀，加荔枝、生菜一起吃，當做夏季的沙拉前菜，滋味特出，而在剛炊蒸好的米糕上擺放幾片烏魚子片，既能把口味調和得濃腴適中，更顯高貴。但因烏魚子含有較高的膽固醇，不宜一次吃得太多。

◆ 烏魚子是母烏魚卵加工而成，形狀與中國古代唐朝的硯台相似，因此日本人將烏魚子稱為「唐墨」。

仙林五葉松飲

Shian-lin Five Leaves Pine Drink

{材料}

五葉松葉	30克
蘋果	20克
優格	10克
蜂蜜	10克
糖水	100 c.c.

{作法}

1. 五葉松葉洗淨，蘋果去皮。
2. 〈**作法1**〉切細，放入果汁機中，加入優格、蜂蜜、糖水打均勻。
3. 使用細篩網過篩，即可盛杯飲用。

大廚小訣竅

- 糖水比例約285克冰糖加3500c.c.的水，也可依各人喜愛的甜度製作糖水。
- 五葉松生長於中部杉林溪等高海拔、少污染的山區，帶點澀味的五葉松，可用蘋果的酸甜味來調和，順口好喝。

薏仁明日葉飲

Pearl Rice and Angelica Keiskei

{材料}

紅薏仁	50g
明日葉	50g
蜂蜜	50g
糖水	100c.c.

{作法}

1. 紅薏仁洗淨後，先泡水 30 分鐘，放入電鍋蒸約 1 小時、蒸熟。
2. 明日葉洗淨放入果汁機中，加入蒸熟紅薏仁、蜂蜜、糖水攪打均勻，即可飲用。

大廚小訣竅

◆ 產於南投的明日葉，含有高濃度的有機鍺，是日常生活中天然防癌的好食材，平日料理也可用炸的，另也可加牛奶當成飲品。

◆ 產於南投縣草屯鎮等一帶的紅薏仁，比白薏仁顆粒大，且吃起來很有嚼勁，在這道佳餚中，有時也可用山藥代替薏仁來更換口味。

健康
梅子醋飲

Healthy Plum Vinegar Drinks

{材料}

梅子汁	20c.c.
梅子醋	10c.c.
蜂蜜	10 克
糖水	100c.c.

{作法}

1 梅子汁、梅子醋加入糖水中拌勻。

2 再加入蜂蜜調勻，即可飲用。

大廚小訣竅

◆ 梅子含有鈣、磷、鐵及有機酸、氨基酸，可增進食慾，消除疲勞，促進人體新陳代謝，改善酸性易致病的體質。

◆ 南投縣信義鄉高山梅子醋口感甘香、品質好，平日可加糖、水或柚子醬食用，也可做成梅子蝦球、梅子排骨等佳餚。

原住民烤山豬

Roast Wild Pig

{材料}

黑山豬肉	100 克
粉蔥	10 克
老薑	10 克
蒜苗	30 克

{調味料}

黑胡椒粒	20 克
白胡椒粉	5 克
鹽	20 克
白酒	30c.c.
香蒜粉	10 克

{沾醬}

白醋	30c.c.
細砂糖	30 克
蒜末	10 克
紅辣椒末	5 克

{作法}

1 山豬肉切片洗淨，再用蔥薑搓揉入味。

2 【調味料】拌勻後，將〈**作法 1**〉拌入，抹至均勻沾料後，醃漬一天備用。

3 蒜苗洗淨後切片；〈**作法 2**〉醃好的豬肉放入烤箱烤熟後切片。

4 蒜苗鋪盤底，擺上切好山豬肉片。

5 【沾醬】食材混勻，搭配〈**作法 4**〉食用。

大廚小訣竅

◆ 如無烤箱，可用鍋子或電烤爐烤熟。如有石板，可利用石板加熱烹調，口味更佳。

◆ 新竹縣關西鎮一帶有飼養黑山豬，用來製作山豬肉料理、烤香腸等，都是原住民食裡中的上等好料，山豬皮可加青木瓜絲做成涼拌菜，夏天吃來十分爽口。

南投梅子番茄

Marinade Plum Tomato of Nan-Tao

{ 材料 }

聖女番茄	600 克

{ 醬汁 }

梅子醋	500c.c.
砂糖	450 克
梅子粉	30 克
紫蘇梅	50 克
冷開水	1800c.c.

{ 作法 }

1 紫蘇梅切小丁，備用。

2 番茄洗淨入鍋油炸，取出放入冷凍內冰鎮以走水，待凍得稍硬後去皮、瀝乾水分。

3 **【醬汁材料】**拌勻後，加入〈**作法 2**〉醃漬一天，即可食用。

大廚小訣竅

◆ 家中如無炸油，可用熱水汆燙。醋以天然梅子醋最對味，酸甜養生、消除疲勞，也可選用紅醋或白醋均可，如果喜愛番茄滋味，也可選購天然的番茄醋，讓味道更濃郁。

◆ 新埔等地的聖女番茄、南投信義或埔里的紫蘇梅，都是製作開胃小品的優選。

碧綠齋香福袋

Steam Assorted Vegetable in Soy Bean Phyllo

{材料}

A	白木耳	5克	B	腐皮	1張
	香菇	5克		芹菜	1支
	黃茸	5克			
	杏鮑菇	5克			
	雪茸	5克			
	榆耳	5克			
	黑木耳	5克			
	雲耳	5克			
	草菇	5克			

{調味料}

素高湯	20c.c.
細砂糖	15克
素蠔油	15c.c.
香油	10c.c.
太白粉水	適量

{作法}

1. 【材料A】全部洗淨，切成丁片狀，加入調味料炒勻成餡料。
2. 芹菜用水汆燙過放鋼盆內，隔水在底下的另一大盆內放入冰塊和水，達到冰鎮作用，撕成細絲。
3. 腐皮裁小塊，包入〈**作法1**〉的餡料。
4. 再用芹菜絲綁起腐皮福袋。
5. 放入蒸籠內以大火蒸熟，即可整齊盛盤上桌。

大廚小訣竅

◆ 這道菜是以三菇六耳為主題的素食菜餚，很符合現代人的健康要求，中部南投山區如埔里的杏鮑菇等培養的各種天然菇耳蕈類，質地純淨，味道清香，最適合用來做素食佳餚，清爽好消化，不會造成身體的負擔。

◆ 菜名好，形狀巧，這是一道可以宴客的漂亮菜餚，令人感到神清氣爽，春夏之際也可用時鮮的韭菜條來替代芹菜莖紮綁福袋，顏色翠綠出眾。

竹山蜜芋頭番薯

Sweetened Taro and Sweet Patato

{材料}

地瓜	200 克
芋頭	200 克

{調味料}

赤砂糖	100 克
液態麥芽糖	150 克
清水	適量

{作法}

1 地瓜、芋頭去皮後洗淨，切成塊狀。

2 【調味料】入鍋，一起煮至溶解。

3 再加入〈**作法 1**〉，煮至入味即可。

大廚小訣竅

◆ 購買芋頭時以檳榔心芋頭品質最佳，尤其高雄市甲仙區、台中市大甲區的檳榔心芋頭是上等貨色，質地軟中帶 Q 且味道香甜，不可選購口感較差的水芋頭。

◆ 地瓜、芋頭與糖水同煮時，火候不可太大，可略加少許沙拉油以增加光澤度。南投縣竹山鎮的紅番薯（地瓜）是理想的高纖、鹼性食物，有助於調整酸性體質，消除疲勞，做甜點的口感也很好。

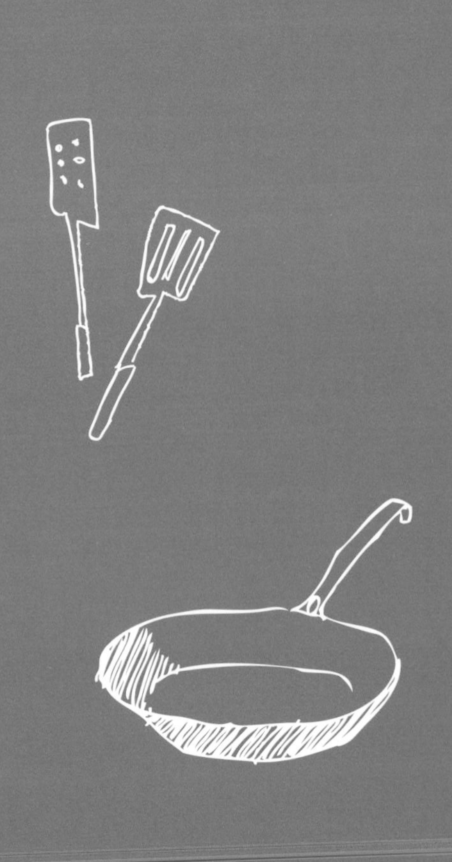

Part 2

肉　品

美味的分享

蒜頭是做菜的好幫手，炒菜時加上蒜頭爆香，格外香噴噴吸引人，蒜頭放久了長出蒜苗，仍可以吃，但鮮度就沒那麼好了，可以用來炒臘肉用。吃蒜頭有預防心臟病、提高免疫力及殺菌的作用，值得多吃。

苦瓜小封肉

Meat Stuff in Bitter Melon

{材料}

綠苦瓜	100 克
五花肉	80 克
蔥段	10 克
蒜頭	10 克

{調味料}

蔭油膏	20 克
冰糖	適量
米酒	20c.c.
醬油	20c.c.
清水	適量

{作法}

1. 綠苦瓜切成塊狀，用熱水汆燙過。
2. 五花肉加入蔥段、蒜頭、【調味料】滷約 3 小時色濃出味後，取滷汁。
3. 〈**作法 2**〉滷汁加入〈**作法 1**〉綠苦瓜滷約 40 分鐘。
4. 最後把〈**作法 3**〉綠苦瓜與五花肉擺入盤中即可。

大廚小訣竅

- 滷肉時，使用帶皮的蒜頭可明顯增加香氣。
- 這是一道客家傳統美食，選擇綠苦瓜滷起來有高纖的 Q 感咬勁，來自中部山區特產的綠苦瓜，色如翡翠，漂亮出色，雖帶點苦味，但不易煮得過於熟爛，製作封肉正好，除了應先去除內膜外，也不妨稍加多點冰糖來提升甜度；如使用白苦瓜，要選帶點黃色的較甘苦瓜才好入味。

苗栗客家梅干肉

Stew Streaky Pork with Preserved Mei-kan

{材料}

五花肉	100克
粉蔥	10克
蒜頭	10克
梅乾菜（梅干菜）	50克

{調味料}

蔭油膏	20克
米酒	20c.c.

{作法}

1 五花肉切成5×5公分的正方塊，入蒸鍋蒸熟後，以順時鐘方向切成塔狀。

2 粉蔥洗過切段，梅乾菜洗淨後切末。

3 將〈**作法1、2**〉及蒜頭、【**調味料**】加清水滷（水量以蓋過材料爲準），約2小時後，即可擺入盤中食用。

大廚小訣竅

◆ 五花肉可先冷凍到半凍後再切割，形狀才會漂亮。

◆ 這是一道傳統的美味料理，又稱梅干扣肉，梅乾菜又稱鹹菜乾，是由芥菜變身而來的，可說是流行最廣的客家醃菜，取未封瓶、半成品的福菜，放到太陽下風乾、日曬到完全乾燥、幾乎無水分時，捆紮起來，可以耐久藏，就成了梅乾菜。

美味的分享

五花肉嫩而不膩，才能散發誘人的魅力，所謂五花，是指一層薄薄的豬皮、一層淡淡的豬油、一層瘦肉，再一層豬肉，最後一層瘦肉，這樣層層均勻相間的五花肉，最是可口，肥肉部分烹調後入口即融，瘦肉則久煮不澀，用來做東坡肉、梅干扣肉、封肉這類需要久燉的菜餚，是最佳選擇。

廟口紅麴肉

Deep Fried An-ka Meat

{材料}

五花肉	100 克
蒜頭	20 克

{調味料}

紅麴醬	20 克
米酒	20c.c.
細砂糖	20 克
地瓜粉	適量

{作法}

1. 五花肉切成條狀，備用；蒜頭切成末，備用。
2. 紅麴醬、米酒、細砂糖拌勻，加〈**作法 1**〉醃漬一天入味。
3. 醃好五花肉沾上地瓜粉，入油鍋油炸後切片，盛盤即可食用。

大廚小訣竅

- 紅麴因品牌各異，鹹度也不同，在製作醃肉時，不可一次加太多紅麴以免過鹹。
- 傳統的寺廟口、夜市常會賣這道炸紅麴肉，搭配其他羹湯享用，口感很 Q，帶著喜氣的紅色，還是健康、有益、降血壓的天然紅麴食品。

美味的分享

一千年前即已發明紅麴，豔麗的色澤、芬芳的香氣及甘甜的美味，都被視為是極優良的食療兩用保健品，也是最佳的天然增色、染色劑。新近的科學證據顯示，紅麴含有多種對人體有益的重要保健物質，可幫助消化，健脾益氣。

埔里香菇燒豚肉

Braised Pork with Dofu

{材料}

五花肉	80克
鴨血	10克
豆腐	10克
香菇	5克
粉蔥	2克
乾蔥	2克
韭菜	10克
高湯	適量
太白粉水	適量

{調味料}

鹽	10克
細砂糖	15克
醬油	10c.c.
白胡椒粉	2克
香油	5c.c.
米酒	20c.c.
胡椒鹽	10克

{作法}

1. 五花肉切條狀，加入胡椒鹽醃漬1小時，入烤箱烤熟備用。
2. 鴨血、豆腐洗淨後切塊，香菇洗淨後切片，備用。
3. 〈**作法1、2**〉加粉蔥、乾蔥、韭菜及高湯、其餘的【**調味料**】燜煮至入味。
4. 最後用太白粉水勾芡即可。

大廚小訣竅

- 煲仔菜一定要燜煮得夠久，才會入味。
- 採用雲林縣的鴨血、深坑的手工豆腐來做這道菜，口感相當紮實有咬勁。素食者可用菇菌類替代鴨血、五花肉。

美味的分享

煲仔菜在秋冬時節，特別暖呼呼、受歡迎。在廣東話中，「煲」有2種意思，一是獨特保溫功能的砂鍋，另一指的是長時間熬煮。煲飯或是煲仔菜主要都是以炒過、勾芡過的料理放入砂鍋當中，再稍微滾煮過端上桌，冒著白煙熱騰騰的砂鍋不只具有保溫功能，勾芡後的湯頭連食物的鮮味、甜味都能夠一併提昇出來，因此歷久不衰。

雞仔豬肚鱉

Stew Tripe

{材料}

A	土雞腿	600 克
	鱉	1 隻
	老薑	50 克
	生豬肚	1 個
B	當歸	5 克
	川芎	5 克
	紅棗	5 克
	枸杞	2 克
	高湯	適量

{調味料}

鹽	20 克
細砂糖	10 克
米酒	150c.c.
麵粉	100 克

{作法}

1. 土雞腿洗淨，剝皮，汆燙，備用。
2. 鱉泡冰水使其暈眩後，取肉切片汆燙過，備用。
3. 老薑洗淨，切片，備用。
4. 生豬肚加麵粉搓洗淨後，備用。
5. 把〈**作法 1、2、3**〉塞入〈**作法 4**〉豬肚內，入熱水內汆燙。
6. 〈**作法 5**〉放入湯鍋，加入【**材料 B**】、【**調味料**】，慢燉約 2.5 小時，即可享用。

大廚小訣竅

◆ 處理鱉時要特別小心，以免被咬傷，也可購買市場代殺處理好的。

◆ 這道古早味料理的菜名饒富台式趣味，意思是全都放入豬肉，最後祭了「五臟廟」供人食補享用，能強健精力體力，建議使用童仔雞的雞腿更嫩。簡單版的作法可先把雞肉剁塊；熟豬肚切片後汆燙，加調味料和藥材、高湯連同鱉肉塊和雞肉塊去燉煮食用即可。

美味的分享

土雞腿的烹調方法，是把雞肉剁塊後，先汆燙去血水，再去骨浸泡紹興酒，就成了香Q滑嫩有嚼勁的下酒好菜，另外，也可整隻土雞腿汆燙後，用於燉煮補身，甘香滑腴，吃了滿足。

花蓮剝皮辣椒雞

Deep Fried Hot Chili Chicken

大廚小訣竅

◆ 煮辣椒雞時，可加少許剝皮辣椒汁，能使味道更香、更具風味，而辣椒汁內已有鹹味，所以可不必再加鹽以免太鹹。

◆ 剝皮辣椒係採集花蓮生產的新鮮青辣椒，經高溫油炸除去表皮後，剖開青辣椒並去籽，再把辣椒放入特殊調味醬汁中醃製而成，香醇甘甜，口感甚佳，是花蓮名產。

{材料}

土雞腿	100克
剝皮辣椒	50克
粉蔥	10克
蒜頭	10克
紅辣椒	10克
生薑	10克
太白粉	少許

{調味料}

細砂糖	20克
醬油	20c.c.
米酒	20c.c.
白胡椒粉	適量
香油	適量

{作法}

1. 土雞剁塊，沾太白粉後，放入熱油鍋煎至金黃色。
2. 剝皮辣椒切成片圈狀。
3. 粉蔥洗淨切段，蒜頭、紅辣椒、生薑洗淨後切片，都放入油鍋炒香。
4. 依序將〈**作法1、2**〉放入〈**作法3**〉的鍋內。
5. 加入【調味料】，燜煮至雞肉入味，擺入盤中即可。

阿里山苦茶雞

Tea Oil Sauté Chicken

{材料}

土雞腿	100 克
粉蔥	20 克
老薑	30 克

{調味料}

苦茶油	80c.c.
醬油	30c.c.
細砂糖	15 克
米酒	50c.c.

{作法}

1 土雞腿洗淨，把肉剁成塊狀。

2 粉蔥洗淨後切段，老薑切片。

3 苦茶油倒入鍋內，炒香〈**作法 2**〉。

4 放入雞腿塊、【**調味料**】燜煮到入味即可。

大廚小訣竅

◆ 嘉義阿里山、南投山區所產的苦茶油，除了可烹調，也是天然養顏美髮聖品，但必須注意的是苦茶油不適合高溫油炸，另外，苦茶油雞還是孕婦坐月子的最佳補品，性質溫和，香氣特殊，炒腰花、拌麵線、煎蛋、煎紅山藥（俗稱紅薯）都十分美味。

◆ 如不吃雞肉，可用腰子（豬腎、腰花）替代。

美味的分享

台灣烹調用的食用油除了苦茶油，還有大豆沙拉油、橄欖油、葵花籽油、花生油、麻油等等，選擇性多。南投縣信義鄉出產的苦茶油，一直是台灣食用油業界頂級油品的代名詞，高榨油率、特有的香氣風味，都是最大的特色，且有益於健康。

竹山桂筍豬肋排

Braised Gui-bamboo with Ribs

{材料}

桂竹筍	80 克
五花肉	20 克
豬肋排	120 克
生蔥	10 克

{調味料}

A	鹽	少許
	冰糖	20 克
	雞湯	適量
B	紅谷米	20 克
	麥芽糖	20 克
	米酒	10c.c.
	紹興酒	10c.c.
	醬油	20c.c.
	清水	適量

{作法}

1. 桂竹筍、五花肉切塊，加入【調味料 A】，滷到入味。
2. 豬肋排加入生蔥、【調味料 B】，滷約 3 小時。
3. 以上食材依序擺入盤中即可。

大廚小訣竅

◆ 桂竹筍滷時加入五花肉，可增加香氣、口感，食用時較無澀味。陽明山等地特產的桂竹筍，口感帶著嚼勁，滋味清鮮。

◆ 紅谷米是天然食材，做這道菜與米酒、麥芽糖很對味，另外，也可加少許番茄醬或紅麴，來變換調味的口感與色澤。

美味的分享

埔里酒廠釀製的紹興酒，水源來自中央山脈清澈甘甜的愛蘭甘泉，曾榮獲希臘世界評鑑會最高榮譽金牌獎，用於食物上可去腥、起香、提味。在埔里更有完全用紹興酒來突顯風味的餐宴「紹興宴」。

埔里筊白筍肉絲

Sauté Pork Strips with Bamboo

大廚小訣竅

- 可至烤鴨店購買薄餅，或用潤餅皮替代，此外，也可直接取生菜葉代替薄餅來包捲食料享用，或拿炒料配飯麵、麵餅入口。
- 南投埔里或花蓮等地的當歸葉，有股淡淡的清香，在大型菜市場裡可以買到，也可用當歸片加酒浸泡來代替，或連同酒汁下鍋去炒豬肉料等；產於埔里的筊白筍又稱為「美人腿」，嫩白高纖口感佳，是夏季最宜的清爽蔬菜。

{材料}

材料	份量
當歸葉	5 克
筊白筍	20 克
豬肉絲	10 克
紅辣椒	2 克
香菇	2 克
粉蔥	1 克
豆乾	10 克
薄餅	2 片

{調味料}

	調味料	份量
A	醬油	5c.c.
	米酒	適量
	太白粉	適量
B	鹽	5 克
	細砂糖	10 克
	白胡椒粉	適量
	香油	適量

{作法}

1. 當歸葉、筊白筍、豆乾都洗淨後，分別切絲，備用。
2. 豬肉絲先用【調味料 A】醃漬入味，並有嫩化的作用。
3. 紅辣椒、香菇洗淨後切成絲，粉蔥洗淨後切段。
4. 熱鍋倒入些許油，爆香〈**作法 3**〉。
5. 倒入筊白筍絲、豆乾絲、豬肉絲拌炒，再加入【調味料 B】、當歸葉絲拌炒勻。
6. 以上食料擺入盤中，搭配薄餅食用。

古早味排骨酥

Deep Fried Pork Ribs

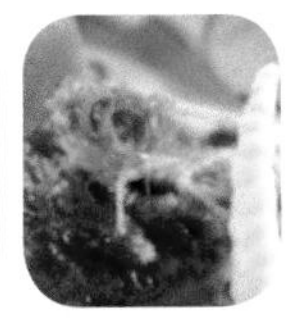

{材料}

豬棒腿	100 克
蒜頭	10 克
紅乾蔥	10 克
粉蔥	10 克
紅辣椒	2 克
生薑	5 克
地瓜粉	50 克

{調味料}

醬油	15c.c.
細砂糖	10 克
米酒	20c.c.
五香粉	5 克
白胡椒粉	5 克
鹽	2 克
香油	10c.c.

{作法}

1 豬棒腿洗淨、切塊。

2 蒜頭、紅乾蔥、粉蔥、辣椒、生薑各洗淨、拍扁，加入【調味料】拌匀，醃豬棒腿入味。

3 將醃好豬棒腿沾裹地瓜粉，油炸至熟即可。

大廚小訣竅

◆ 豬棒腿本身肉質較厚，可先用鐵叉在肉上叉上小洞好快速入味。醃肉時，醬油勿下太多，以免炸後顏色變黑。

◆ 宜蘭知名的三星蔥，顏色粉嫩，很能增加料理的美味，例如用來炸鹹酥雞特別飄香好吃。

美味的分享

檳榔花原本是原住民吃的野菜，目前常見做成涼拌冷盤，只在夏天才能吃到，可以搭配薑絲、麻油和肉絲快炒，由於屬性為涼性，虛冷體質者可加熱性的花椒、乾辣椒去炒拌，達到中和效果。

雞絲炒檳榔花

Sauté Chicken Floss with Areca Flower

大廚小訣竅

- 檳榔花又稱半天花或半天筍，性寒去火，是檳榔還沒有抽出的花苞，中部南投、南投縣信義鄉山區有大量檳榔樹，夏季正抽花苞，除了可做為鮮嫩的雕花，在大菜市場裡可買到鮮採的或真空包產品，食用上一般分為熱炒與涼拌兩種。涼拌時可加酌量的鹽、糖、醋、麻油所拌成的調味醬汁，淋上洗淨的檳榔花即可，口感爽脆有彈性。
- 太白粉水：比例約是 1 倍的太白粉搭配 1.5 倍的水。

{材料}

雞腿肉	50 克
檳榔花	20 克
韭菜花	10 克
香菇	5 克
粉蔥	2 克
紅辣椒	2 克
乾蔥	2 克
太白粉水	適量
香油	少許

{調味料}

鹽	10 克
細砂糖	10 克
蠔油	5c.c.
米酒	5c.c.

{作法}

1. 雞腿肉切絲，韭菜花切段，香菇切絲，檳榔花洗淨，全部都汆燙，備用。
2. 蔥切段，辣椒切絲，乾蔥切片，作爲爆香料。
3. 熱鍋倒入些許油，加入爆香料。
4. 接著，將〈**作法 1**〉倒入鍋內，加入【調味料】調味。
5. 倒入太白粉水勾芡，淋上香油即可。

美味的分享

現在已沒有那麼多野山豬，加上保育思維為前提，所以豬肉部分幾乎都是黑山豬，用來做石板烤肉、香腸。魯凱族烤山豬肉傳統做法是用特有的片頁岩來烤，不必多調味就已自然泛發熟火香，耐吃不膩，現在也有木香烤肉或用烤火架的做法，可以搭上洋蔥提味，帶皮的豬肉很Q、有彈性，讓人一口接一口。

原住民石燒牛

Stone Seared Beef

{材料}

牛肉	100 克
洋蔥片	10 克

{調味料}

海鹽	5 克
黑胡椒粒	5 克

{沾醬}

黑胡椒粒	2 克
綠胡椒粒	2 克
紅胡椒粒	2 克
白胡椒粉	2 克
玫瑰鹽	10 克

{作法}

1. 牛肉加入【調味料】浸漬入味後，煎至 5 分熟。
2. 黑胡椒、綠胡椒、紅胡椒、白胡椒用慕斯機打成末，加入玫瑰鹽成為沾用鹽料。
3. 洋蔥片洗淨擺入石鍋中，再擺入煎好牛肉，附上沾醬，即可享用。

大廚小訣竅

◆ 做這道原住民美饌大餐的風味菜，最理想的石材是花蓮的黑石頭板，一般家庭則可用平底鍋來煎。注意因石板上溫度極高，要控制火候，以防牛肉煎得太熟，口感老化。

◆ 以最原始、原味的海鹽來烹調，更能吃出牛肉的鮮甜。

燕巢芭樂燉豚骨

Stew Pink Guava with Ribs

{材料}

紅芭樂乾	50 克
豬腩排	100 克
枸杞	5 克
紅棗	10 克

{調味料}

鹽	10 克
細砂糖	10 克
米酒	15c.c.
高湯	適量

{作法}

1. 紅芭樂乾洗淨。
2. 豬腩排切成塊狀，用熱水汆燙去血水。
3. 再將所有材料放入湯鍋中，加入【調味料】，慢火燉約 2 小時即可。

大廚小訣竅

◆ 紅芭樂乾在市場中較少見，可到大型市場或產地、農會採購乾貨，帶點澀味，鐵質含量較多，有補血、降血壓的養生益處，加紅棗能提升甘甜度，更好入口。

◆ 每年十到十二月是紅芭樂的盛產期，苗栗縣苑裡鎮生產的紅芭樂甜度都超過 11 度，為了促銷香甜的紅芭樂，果農特地將紅芭樂入菜做成料理，不但顏色鮮美，吃起來更是香甜爽口，甚至連火紅芭樂樹的葉子也可以拿來燉湯，當氣侯乾燥時，結果紅芭樂的甜度也比往年都高。

美味的分享

紅色、鮮甜的枸杞、紅棗，常被用於中式的食補料理，枸杞補中益氣，紅棗健脾活血，都能強心養生，調理體質，保健美顏，增加抵抗力，也能提高食物的悅目鮮豔色澤和天然甘甜滋味。

宜蘭金棗燉豬腳

Braised Pig Knuckle with Kim-Zao

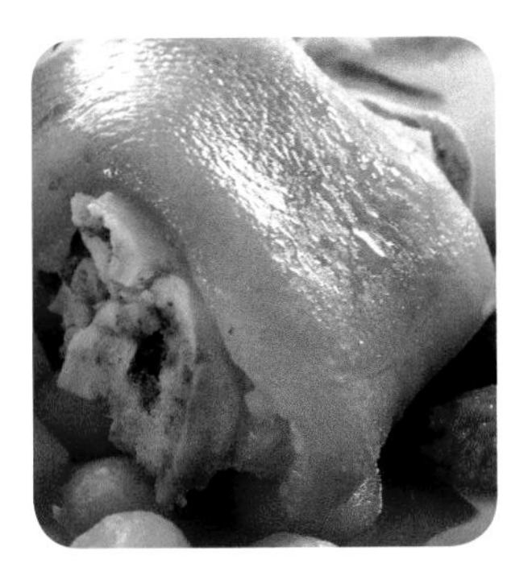

大廚小訣竅

- 酥炸粉加入白醋可保鮮、酥脆，口感較佳。
- 金棗原名金柑或金橘，果實圓形或橢圓形，呈金黃色，大約如大拇指般大小，滋味酸甜可食用，還可泡茶、做糕點，蘭陽平原因為地質、氣候、水份、溼氣等因素，只有在宜蘭才能品嘗到獨一無二的水果聖品金棗，特別香甜，已成宜蘭特產，表皮細薄，略帶有細小黑斑，皮脆甜而肉香酸，耐久回味。

{材料}

A 豬腳 600克
雞高湯 3600c.c.

B 馬鈴薯球 50克
紅蘿蔔球 50克
山藥球 50克
巴西蘑菇 10克
宜蘭金棗 20克

C 黃甜椒 5克
紅甜椒 5克
青椒 5克
酪梨 5克
芹菜 1支

D 酥炸粉 200克
清水 150c.c.
白醋 30c.c.

{調味料}

鹽 1克
米酒 15c.c.
細砂糖 5克

{作法}

1. 豬腳洗淨，入雞高湯煲至少1小時。
2. 加入【材料B】續煲1小時，加【調味料】調味，備用。
3. 酥炸粉加入清水、白醋拌勻，即成脆漿粉。
4. 黃甜椒、紅甜椒、青椒、酪梨以芹菜串過，沾脆漿粉入油鍋炸酥，瀝去油。
5. 將〈**作法2**〉湯中的食材依序擺入湯皿中，再擺入〈**作法4**〉炸好的蔬菜串即可。

宜蘭粉肝獅子頭

Meat Balls

{材料}

胛心肉	300 克
粉肝	100 克
寒天	10 克
馬蹄	80 克
蔥	10 克
白菜絲	100 克
香菇絲	10 克
筍絲	10 克
蛋酥	20 克

{調味料}

鹽	20 克
細砂糖	30 克
醬油	50c.c.
米酒	20c.c.
太白粉	80 克
白胡椒粉	適量

{作法}

1. 胛心肉剁成泥，粉肝蒸熟切成丁粒狀，備用。
2. 寒天泡軟切段，馬蹄切末，蔥切末，備用。
3. 以上食材加入【調味料】拌均勻，擠成圓球狀，入鍋油炸。
4. 白菜絲、香菇絲、筍絲、蛋酥加入炸好肉丸子，一同再燜煮至入味，盛盤即可食用。

大廚小訣竅

- 獅子頭加入寒天後的口感更滑順。
- 寒天是日文漢字，發音為 kanten，屬洋菜的一種，是由一種生長在海洋的紅藻所提煉出來的食材，富含膳食纖維，台灣寒天則指的是東北角的石花凍，熱量低，是養生食品。

玉瓜瑤柱金錢肚

Steam Scallop, Cucumber and Pig Tripe

{材料}

生豬肚	1副
大黃瓜	100克
干貝	50克
粉蔥	10克

{調味料}

米酒	100c.c.
麵粉	200克
雞蛋	100克
清水	90c.c.
鹽	20克
細砂糖	10克
太白粉水	適量

{作法}

1 生豬肚加麵粉搓洗淨、氽燙，加入粉蔥、米酒、水(淹過)，蒸約2.5小時，取出備用，蒸水留著備用。

2 干貝洗淨，加入冷開水去蒸，蒸至膨脹即熄火，整盤移出備用。

3 黃瓜去皮後，用模具壓成圓形狀，蒸熟，備用。

4 雞蛋與清水、鹽、細砂糖調勻，灌入豬肚內，再用棉繩綁緊。

5 〈**作法4**〉豬肚放入〈**作法1**〉蒸過的豬肚水中，煮約40分鐘，冷卻後切片。

6 以上皆爲成品，依序擺入盤中，盤內干貝汁加太白粉水勾芡，淋上即可。

大廚小訣竅

- 〈作法4〉豬肚內要塞入蛋時，注意當時烹調勿用大火，保持小火約80～90°C的水溫慢煮約45分鐘即可，才不會過老而失敗。
- 豬肚是台灣人愛吃的內臟之一，吃了也有飽足感，〈作法5〉的豬肚，切開時就如同古時孔府宴的金袋，所以稱為金錢肚，是種雅稱。

美味的分享

萬巒豬腳聞名全省，主要在於它的製作過程特殊，配方獨特，佐料夠味，吃起來不膩，皮、肉、筋在韌性中帶點脆的感覺，十分爽口，加上香醇的沾料，使人吃了還想再吃！製作時，先用熱水燙20分鐘去除血水、腥味，再用冷水浸半小時，把強硬的筋頭變得脆嫩，最後經急速冷凍後，加醬油、冰糖、水、中藥包慢火煮熟，才能不油不膩，爽脆入口。

魷魚螺肉燜豬腳

Squid and Snail Stew with Pig knuckel

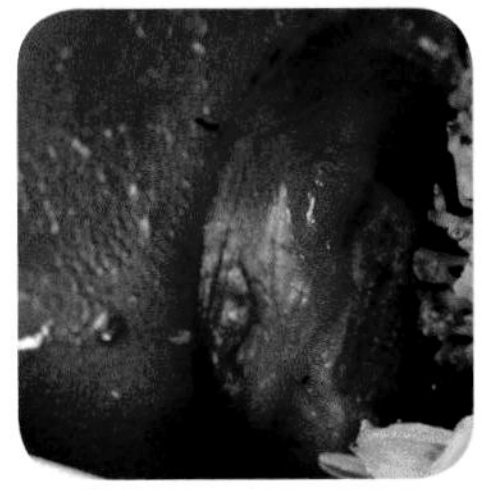

{材料}

魷魚	20 克
螺肉	20 克
豬腳	80 克
粉蔥	5 克
蒜頭	5 克
生薑	5 克

{調味料}

蔭油膏	20 克
冰糖	20 克
米酒	20c.c.
醬油	20c.c.

{作法}

1. 魷魚切成花刀片，豬腳洗淨後汆燙，備用。
2. 粉蔥切段，薑切片，加入蒜頭、沙拉油入炒鍋燒熱爆香。
3. 接著加入【調味料】、適量清水及豬腳，滷約 2 小時。
4. 再加入魷魚及螺肉續滷 1.5 小時即可。

大廚小訣竅

◆ 螺肉可用罐裝產品，一般市場、超市都有出售，煮時可連同少許螺肉湯汁一起倒入，以提升味覺及口感。

◆ 這是一道台灣的古早味菜色，常見於喜宴辦桌外燴餐桌上，使用澎湖的乾魷魚非常營養、有嚼勁，且香味出眾，豬腳部分也可用雞鴨肉來代替。

牛將軍
遇上八家醬

Beef Spinach Rolls

大廚小訣竅

- 如不吃牛肉，可用松阪豬替代；煎肉時，鍋子要熱，不可煎太久，以免肉汁流失及肉質變硬。
- 豐水梨產於台灣苗栗縣卓蘭、大湖、台中市東勢區等多地，果肉白色，細膩多汁，口感爽脆甘甜，品質佳，且較耐冷藏，在炎炎夏日裡深受消費者喜愛。

{材料}

無骨牛肉	300 克
蘋果	1 顆
八角	3 顆
洋蔥	1/2 顆
菠菜	200 克
白芝麻	50 克
豐水梨	1 顆
小黃瓜	30 克
金針菇	5 克
紅捲鬚生菜	5 克
綠捲鬚生菜	5 克
鴻喜菇	5 克

{調味料}

	調味料	份量
A	味醂	100c.c.
	米酒	150c.c.
	醬油	20c.c.
	冰糖	20 克
B	黃芥末	30 克
	沙拉醬	30 克
C	紅酒	300c.c.
	紅糖	100 克
	清水	適量
D	和風沙拉醬	60 克

{作法}

1. 無骨牛肉、蘋果、八角、洋蔥加【調味料 A】醃漬約 2 小時入味後，入鍋煎至七分熟切片，醃漬醬汁留用，當做調味的淋醬。
2. 菠菜整顆汆燙後冷卻、瀝乾，用壽司簾綁成圓柱狀後切成小段沾上白芝麻，【調味料 B】調成沙拉醬。
3. 豐水梨去皮，加入【調味料 C】蜜漬，備用。
4. 小黃瓜切成薄片，捲上金針菇、紅捲鬚生菜、綠捲鬚生菜、鴻喜菇成蔬菜捲。
5. 將蜜漬好的梨子擺入牛肉片，淋上〈**作法 1**〉的醃漬醬汁 (需煮滾)。
6. 再將沙拉醬放入盤中，擺入芝麻菠菜捲後即可。

老菜脯雞湯 vs 新竹柿餅干貝

Chicken Broth and Persimmon Scallop

大廚小訣竅

◆ 客家庄為儲藏貧瘠日子裡的糧食、物力，把白蘿蔔乾風乾曬成陳年老菜脯，顏色深黑，有助解毒、振作食慾，做菜時要注意老菜脯本身顏色較深，不可放太多，以免影響食物色澤而不美觀。

◆ 牛心柿外型中等，產量冠居全台，水份多，甜度佳，適合製作柿餅，以長期冷凍保存，新竹縣北埔、新埔柿餅遠近馳名，就是緣自於客家先民的節儉惜物以及發揮創意，造就另一種可當零食、可做菜的耐久美食特產。

{材料}

	材料	份量
A	老菜脯	3 克
	雞腿肉	50 克
	蔭瓜	2 克
	白木耳	5 克
	枸杞	1 克
	蛤蜊	5 克
	雞高湯	200c.c.
B	鮮干貝	50 克
	柿餅	10 克
	奇異果	10 克
	鬱金香粉	20 克
C	紅辣椒	3 克
	粉蔥	3 克
	香菜	2 克
	生薑	2 克
	蒜頭	5 克

{調味料}

調味料	份量
醬油膏	10 克
烏醋	10c.c.
白醋	5c.c.
番茄醬	15 克
細砂糖	30 克
胡麻油	10c.c.
米酒	適量

{作法}

1. 雞腿洗淨汆燙，加入其餘【材料 A】，燉約 3 小時。
2. 鮮干貝沾鬱金香粉蒸熟，與奇異果、柿餅切片，填入干貝中。
3. 【材料 C】全部切末，加入【調味料】調成五味醬，放入干貝。
4. 組合所有材料，放入盤中即完成。

花東玉米雞佐新社金菇魚麵

Corn Feed Chicken and Mushroom Fish Noodle

大廚小訣竅

- 潮洲滷水中藥材有大小茴香、八角、桂皮、丁香、冰糖、老酒、香葉，製成後一滷再滷，又稱「潮州老滷」。
- 花東等天然環境下飼養的玉米雞，野放空間充足，食用玉米、豆粉，不含一般的生長激素，飲用甘甜的山泉水，使肉質更為香甜帶Q勁而健康；纖細的金針菇是台灣最主要的鮮食菇類之一，高纖又有機，滾水稍燙後涼拌即食，最能保持又嫩又滑的口感，大量培植生產於台中新社等中部山區。

{材料}

玉米雞腿	1隻
小唐菜丁	50
紅蘿蔔丁	50
皮蛋丁	1顆
海膽	1粒
魚漿	150
金針菇	30
蔥絲	30
昆布	15

{調味料}

A	蛋白	50
	砂鹽	5
	細砂糖	15
	太白粉	20
B	潮州滷水汁	300
	柴魚高湯	150
	米酒	80
	太白粉	少許

{煙燻料}

綿糖	100
錫箔紙	1張
香片	30
甘蔗	50

{作法}

1. 玉米雞腿切小塊，加入【調味料A】放入慕斯機中攪拌成雞肉泥。
2. 續加入小唐菜丁、紅蘿蔔丁、皮蛋丁，拌勻捲成圓柱狀用保鮮膜捲起，放入蒸籠以大火蒸約20分鐘。
3. 泡入滷水中浸漬約1天後取出，用錫箔紙包起，放入其餘煙燻料中，入鍋開火煙燻上色，切成條片狀；海膽加入魚漿調味，備用。
4. 柴魚高湯與昆布、米酒調成海鮮高湯，燒熱備用。
5. 魚漿放進擠花袋，剪小圓口，擠入〈**作法4**〉湯汁中，即成為魚麵。
6. 將雞肉條片狀擺入盤中，淋上滷水加太白粉水的芡汁，擺入魚麵加入湯汁，最後以金針菇(汆燙)、蔥絲點綴即可。

古坑咖啡雞 vs 大甲芋泥鴨

Burn Out Rice & Coffee Chicken Roll with Taro Duck

{材料}

雞腿肉	200 克
咖啡梅	300 克
鍋粑	1 片
蒜苗絲	5 克
甜椒絲	5 克
韭菜花	5 克
芋頭	150 克
鴨胸	200 克
香菇	10 克
西芹	10 克
竹筍	10 克
乾蔥末	5 克
蘋果	80 克
韓式泡菜	50 克
碗豆嬰	10 克
蜜牛蒡絲	10 克

{調味料}

A	咖啡粉	20 克
	咖啡酒	30c.c.
	鹽	10 克
	細砂糖	15 克
B	澄粉	50 克
	熱水	60c.c.
	米酒	20c.c.
C	蠔油	10c.c.
	五香粉	少許
	細砂糖	少許
	鹽	少許
D	沙拉醬	30 克
	太白粉水	適量

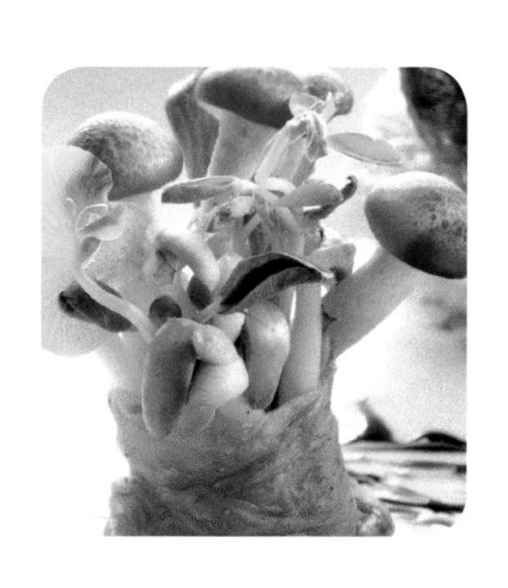

大廚小訣竅

◆ 炸芋丸可用豬肉代替鴨胸，下鍋時不可一次放太多，邊炸邊控制，以免芋丸全散開。

◆ 檳榔心芋頭是台中市大甲區的特產，呈現令人回味再三的風味；咖啡梅是南投縣水里、信義的特產，梅果肉厚實甘甜味美，醃製時添加咖啡即成咖啡梅。

{作法}

1. 雞腿肉洗淨釀入咖啡梅，蒸約 20 分鐘取出，加【調味料 A】、清水拌勻，炸鍋粑放入雞肉、蒜苗絲、甜椒絲(汆燙)、韭菜花(汆燙)點綴盛盤，備用。
2. 芋頭切片，蒸 15 分鐘取出，搗泥後，加入熱水燙好的澄粉及米酒。
3. 鴨胸、香菇、西芹、竹筍切粒汆燙，加入乾蔥末炒香，加【調味料 C】，以太白粉水勾芡放涼，包入芋頭中油炸。
4. 蘋果切丁，拌入沙拉醬，放入炸好的芋頭，備用。
5. 泡菜包入碗豆嬰、蜜牛蒡絲做成泡菜捲，備用；組合所有材料放入盤中即完成。

雲林蒜頭三杯羊

Lamb Shoulder Fillet and An-Tzo Meat Rolls

大廚小訣竅

◆ 羊肩排肉質較有彈性，切勿燜煮過久。

◆ 紅糟是中國最古老的生物科技產品之一，以紅麴和糯米經由發酵作用所釀造的產品，具有保健功效，也可賦予釀造食品的優質香氣和甘美酸醇味道，同時能產生天然鮮艷的色素，具有抑菌防腐作用，應用於釀造加工或料理均具有良好的風味及色澤，而且很有喜氣。

{材料}

羊肩排	300克
蒜子	30克
薑片	20克
紅辣椒	10克
九層塔	30克
百里香	2克
粉皮	1張
當歸葉	1片
蘿蔓生菜	5克
紅捲鬚生菜	5克
苜蓿芽	5克
蘆筍	5克
紅糟肉	10克

{調味料}

米酒	100c.c.
醬油膏	10克
麻油	50c.c.
冰糖	80克
海山醬	100克

{作法}

1. 羊肩排洗淨，熱鍋下油，微煎表面即可。
2. 蒜子、薑片、紅辣椒入鍋以麻油爆香，倒入米酒、醬油膏、冰糖、煎好羊肩排，燜煮入味，起鍋前加入九層塔拌炒。
3. 粉皮泡水瀝乾、當歸葉切絲、蘆筍汆燙，蘿蔓生菜、紅捲鬚生菜、苜蓿芽洗淨，連同紅糟肉包入粉皮中，搭配海山醬食用。
4. 組合所有材料放入盤中，並以炸百里香當裝飾。

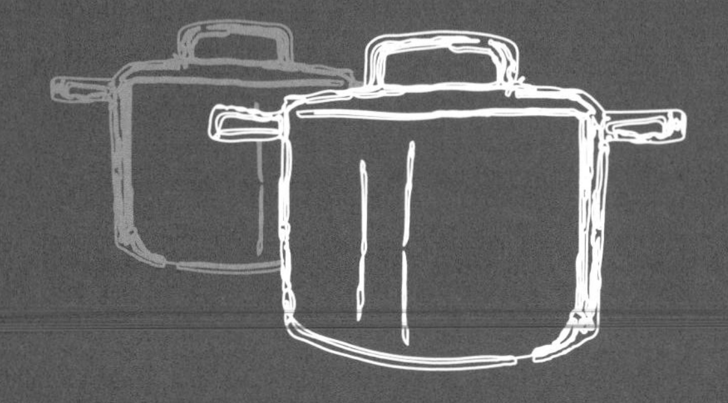

Part 3

海 鮮

桂花炒魚翅

Sauté Osmanthus Sharkfin

{材料}

雞蛋	1顆
洋蔥	10克
竹筍	10克
香菇	5克
肉絲	15克
銀芽	5克
韭黃	5克
粉蔥	5克
海虎翅	20克
香菜	2克
高湯	適量
太白粉水	適量

{調味料}

鹽	5克
細砂糖	10克
醬油	10c.c.
白胡椒粉	適量
香油	適量
米酒	5c.c.

{作法}

1. 雞蛋加入太白粉水拌勻後，炸成蛋酥。
2. 洋蔥、竹筍、香菇、粉蔥洗淨後，分別切絲。
3. 海虎翅加入高湯中浸泡入味。
4. 熱鍋下些許沙拉油，炒香〈**作法2**〉，加入肉絲及洗淨的銀芽、韭黃拌炒。
5. 再加加蛋酥及【**調味料**】拌炒，起鍋盛盤。
6. 將海虎翅擺到〈**作法5**〉的桂花料上，以香菜點綴，即可享用。

大廚小訣竅

- 海虎翅本身的魚翅較粗大，適合拌炒、煮羹。
- 所謂桂花，指的是〈作法5〉中的各種配料，蛋皮絲散開的蛋花屑，就像細緻的桂花一樣，香而入味，這是一道老式的台菜，要訣是用小火炸雞蛋慢慢地炸成蛋絲，因此注意把蛋打散後，可先用濾網過濾，才放入小火的油鍋，然後用筷子攪動，熟後，再用濾網撈起，火候和時機的掌控很重要。

台南府城蝦捲

Deep Fried Shrimp Roll

大廚小訣竅

- 白表就是白色的肥豬肉，台式小吃常用，可增加油炸後的香氣。可依各人喜愛的口味，在傳統式沾醬以外，多附上辣椒醬、芥末醬等。
- 台南小吃代表之一的周氏蝦捲，源自於周進根早年擔任總舖師辦外燴之餘，在安平經營小吃生意，1980 年把其中一道蝦捲加以改良，多放入新鮮蝦仁，料好實在，特選豬腹膜做為包裹蝦捲的外皮，經高溫油炸後，油脂融化，滲入內餡，吃起來格外鮮嫩多汁、香噴噴，大受消費者歡迎，從此店名改為「周氏蝦捲」。

{材料}

蝦仁	100 克
魚漿	30 克
白表	10 克
粉蔥	20 克
蒜頭	10 克
蛋黃	1 顆
馬蹄	30 克
腐皮	6 張
脆漿粉	適量

{調味料}

鹽	20 克
細砂糖	30 克
白胡椒粉	5 克
胡麻油	20c.c.
芝麻醬	20 克

{沾醬}

醬油膏	80 克
甜辣醬	50 克
細砂糖	70 克
清水	70c.c.
太白粉水	適量

{作法}

1. 蝦仁洗淨，去腸泥；白表切末；粉蔥、蒜頭、馬蹄洗淨，都切末，備用。
2. 〈**作法 1**〉加入蛋黃、魚漿及【**調味料**】拌勻成餡料，取腐皮包入，沾上脆漿粉，入鍋油炸至熟，即成蝦捲，盛盤。
3. 【**沾醬材料**】煮沸，用太白粉水勾芡，做爲享用蝦捲的沾醬；以上食材依序擺入盤中，附上沾醬即可。

美味的分享

所謂燉法，是一種結合油脂、湯汁以及蒸法的優點爲一的烹飪方法。慢火燉煮確保了燉煮的食物變的多汁而富有香味。原料在開水內燙去血污和腥臭氣味，再放入陶製的器皿內，加蔥、薑、酒調味，並加水，可使原料的鮮香味不易散失，製成的菜餚香鮮、味足，湯汁清澄。

白河蓮花燉鰻魚

Stew Eel with Lotus Flower

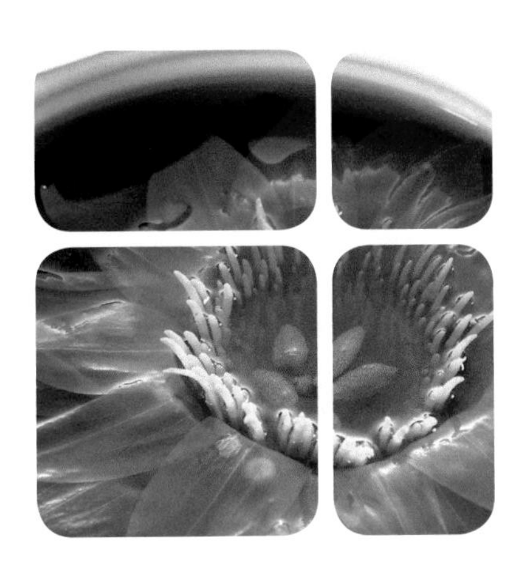

{材料}

鰻魚	60 克
蓮花	10 克
枸杞	2 克
紅棗	5 克
桂枝	1 克
薑片	2 克

{調味料}

雞高湯	150c.c.
鹽	10 克
細沙糖	15 克
米酒	20c.c.

{作法}

1 鰻魚洗淨後汆燙。

2 其餘材料洗淨，放入湯盅內，加入〈**作法 1**〉及【**調味料**】，慢燉約 2 小時即可。

大廚小訣竅

◆ 本道花料理食補燉品要注意在燉鰻魚時，藥材勿加太多，以免奪味而讓魚的鮮味流失了。鰻魚切勿生食，因鰻魚血液中含有毒性蛋白，必須加熱烹煮才能分解。屏東等地養殖的鰻魚品質好，如不吃鰻魚，也可用鱸魚來代替。

◆ 台南白河號稱為「蓮花的故鄉」，在蓮花逢夏開放季節都會推出蓮花大餐，相當健康、風味佳，菜色如蓮花拌蝦鬆、蓮藕燴三鮮、蓮藕福滿杯、荷葉飯、蓮蓉鑲腐衣、蓮花燉鳳凰、荷葉蒸斑魚、蓮藕荷葉蝦等，都以白河蓮花入菜既美且鮮，平日則可在中藥材行買到蓮花乾品。

紫蘇米香虎蝦

Deep Fried Basil and Tiger Prawns

{材料}

紫蘇葉	5 克
米香	30 克
虎蝦	100 克
蘿蔔泥	10 克
雞蛋	1 顆
太白粉	20 克
沙拉醬	10 克
脆漿粉	20 克

{調味料}

柴魚醬油	10c.c.
味醂	10c.c.
細砂糖	10 克
昆布高湯	20c.c.

{作法}

1. 紫蘇葉洗淨，用擦手紙沾乾水分，再沾脆漿粉，入油鍋炸酥，備用。
2. 虎蝦拌入雞蛋、太白粉，油炸後與沙拉醬拌勻，然後裹上米香。
3. 把【調味料】全部放入鍋中煮成醬汁。
4. 〈**作法 1、2**〉依序放入盤中組合，搭配醬汁與蘿蔔泥食用。

大廚小訣竅

- ◆ 物資缺乏的早年，把少許米透過高壓而爆膨脹成的米香，是小孩平日裡最佳的裹腹點心，在今天來說，是相當古早味、台灣特有的食物，有著令人眷戀的香甜溫暖感；如市場上買不到現成的米香片，可用麵包粉替代。
- ◆ 也可用口感彈牙的草蝦或新鮮干貝代替虎蝦，沾麵粉炸酥，非常可口。

美味的分享

米香因不同的膨脹方法，可分為2種，爆米香的材料為生米，使用壓力爐加熱增壓並且熟化後，釋放壓力後因減壓而膨脹，壓力氣體爆炸時產生巨大聲響；炸米香的材料則為熟飯，先晾乾使它脫水成米乾，再用熱油油炸，方法簡便，適合家庭簡易製作，脫水時儘可能乾燥，這樣炸米香的米粒才能均勻受熱，形狀較好，且油炸時間短，膨脹速度快，米香吸油量也較低，口感較酥脆膨鬆。

五柳枝繡球魚

Five Flavors Fish Fillet

{材料}

魚片	150 克
洋蔥	10 克
紅甜椒	10 克
香菇	10 克
竹筍	10 克
青椒	10 克

{調味料}

A	鹽	2 克
	細砂糖	10 克
	香油	適量
	白胡椒粉	適量
	米酒	適量
B	太白粉	80 克
	太白粉水	適量
C	五印醋	10c.c.
	番茄醬	80 克
	白醋	10c.c.
	鹽	8 克
	細砂糖	50 克
	清水	適量

{作法}

1. 魚片洗淨後，劃十字刀，略呈繡球狀，加入【**調味料 A**】醃漬入味備用。
2. 洋蔥、紅甜椒、香菇、竹筍、青椒洗淨，全部切絲成五柳絲備用。
3. 將【**調味料 C**】調成五柳醬，備用。
4. 〈**作法 1**〉魚片沾上太白粉，放入油鍋炸熟成繡球狀，擺入盤中備用。
5. 熱鍋下油，放入〈**作法 2**〉五柳絲、五柳醬拌炒再加入太白粉水勾芡，淋在炸好的繡球魚上即可。

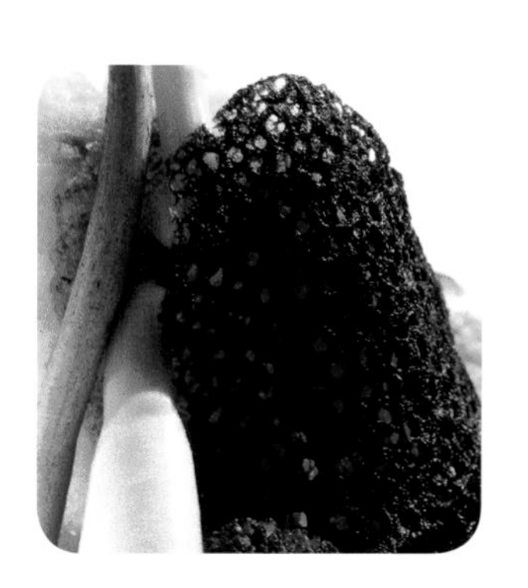

大廚小訣竅

- 可用鱸魚整條清蒸後，淋上五柳醬。番茄醬可先炒香，好讓顏色更鮮豔。不喜歡糖醋口味的人，可改用橙汁淋醬，或紅燒吃法。
- 這是一道老式的台灣料理，適當運用清香、口感佳的香菇、竹筍等配料，做成一道糖醋魚，非常下飯。

北港麻油蝦

Sauté Madeida-vine and Pong-hu Shrimp with Sesame Oil

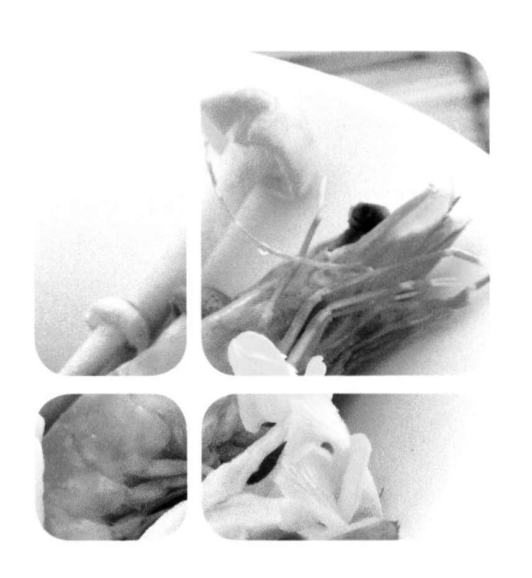

{材料}

川七	50 克
花蝦	50 克
麵線	20 克
老薑	10 克
枸杞	5 克

{調味料}

米酒	80c.c.
胡麻油	30c.c.
鹽	10 克
細砂糖	10 克

{作法}

1 老薑去皮後切片，枸杞洗淨，備用。

2 麵線汆燙後撈起、蒸熟。

3 麻油入鍋，爆香薑片，放入花蝦、川七、老薑、枸杞、**【調味料】**，拌炒均勻。

4 把麵線盛放盤中，加入〈**作法 3**〉即可。

大廚小訣竅

◆ 白芝麻製成的油為香油；黑芝麻製成的油為胡麻油。

◆ 如不吃蝦子，可用腰子替代來做這道菜。

◆ 在台灣山野間，常可以見到野生的川七爬滿樹幹，原本被視為野菜，嫩葉可食，口感滑潤，如今則是相當受歡迎的高纖綠蔬，對於跌打損傷去瘀化鬱都有良效，也是產婦坐月子的佳餚。

樹子山藥泥魚餅

Yam and Fish Hash Brown

{材料}

鯛魚肉	50 克
魚漿	50 克
粉蔥	10 克
山藥	80 克
太白粉水	適量
高湯	適量

{調味料}

樹子	10 克
鹽	10 克
細砂糖	15 克
白胡椒粉	2 克
米酒	10c.c.
香油	5c.c.

{作法}

1 鯛魚肉洗淨後切成丁狀，粉蔥洗淨後切成末。

2 將鯛魚丁、粉蔥末、魚漿拌勻成餅狀，即爲魚餅。

3 山藥去皮後洗淨，入果菜汁機內打成泥，加入鹽調味後，舖在魚餅上方，再放上樹子，入蒸鍋內以大火蒸熟。

4 熱鍋加入高湯及其他【調味料】，最後用太白粉水勾芡，淋上魚餅，即可趁熱食用。

大廚小訣竅

◆ 樹子又稱破布子，常被用於蒸魚料理，有它加入，可讓魚肉味道更甘甜勝出。採用南投、陽明山等地的白山藥，口感滑順，營養價值高，有補氣作用。

◆ 破布子是台灣古老的作物，兼具食用、藥用價值，很早以前就在客家民間以古法加工製造，視做健康食品，具有開脾、健胃功效，是下飯的最佳佐菜。近年來由於淡食及素食的興起，大家重新發現破布子的好處，帶動栽培面積逐年增加。

凍頂雲雪龍蝦球

Dong-ding Lobster Balls

{材料}

龍蝦	150 克
蝦卵	5 克

{調味料}

蛋白	100 克
牛奶	30c.c.
香油	2c.c.
凍頂烏龍茶汁	15c.c.
太白粉水	適量
火腿高湯	20c.c.

{作法}

1. 龍蝦洗淨去腸泥，蝦肉切成塊狀，泡熱油至八分熟，龍蝦殼剝下後另行蒸熟備用。
2. 所有【調味料】攪拌拌勻。
3. 熱鍋加入些許沙拉油，加入〈**作法 1、2**〉炒勻，填入龍蝦殼內。
4. 再沾上蝦卵及茶葉裝飾即可。

大廚小訣竅

◆ 蛋白炒鮮奶的鍋子一定要熱，才不會黏鍋。煮這道菜時，注意不要先加鹽，以免鮮奶蛋白化成水。

◆ 凍頂烏龍茶是台灣特產的極品好茶，產於南投縣鹿谷鄉、嘉義阿里山等地，因鮮葉採自青心烏龍品種的茶樹上而得名，凍頂是山名，烏龍為品種名，依發酵程度，屬於輕度半發酵茶，發酵 25%，製法則與包種茶相似，應歸屬於包種茶類。乾茶葉與熱水的沖包比例為 1：6，泡出濃淡適中的茶汁即可用來做這道風味特殊的茶餐。

澎湖絲瓜蒸帆立貝

Steam Pong-hu Luffa and Scallops

{材料}

絲瓜	20 克
帆立貝	30 克
粉絲	20 克
蒜茸	10 克
蔥絲	2 克
甜椒絲	2 克

{調味料}

蠔油	5c.c.
細砂糖	10 克
鹽	5 克
雞湯	100c.c.
蒸魚醬油	15c.c.

{作法}

1 粉絲加入雞湯、蠔油、鹽、細砂糖調味。

2 帆立貝洗淨，絲瓜去皮切片，備用。

3 粉絲入盤墊底，依序放入絲瓜、帆立貝、蒜茸，蓋上蒸鍋的蓋子，開大火蒸熟移出。

4 在盤上淋上蒸魚醬油，以蔥絲、甜椒絲點綴即可。

大廚小訣竅

◆ 以粉絲做底，可吸取帆立貝及絲瓜的鮮甜。

◆ 澎湖絲瓜比起台灣絲瓜更有一股清脆的口感，南投日月潭水社的絲瓜清甜不澀，也是上品。

美味的分享

冬粉是用綠豆澱粉做的，但後來也有用馬鈴薯澱粉來做的，要分辨是不是綠豆澱粉做的，只要看粉絲本身有沒有帶點天然的綠色即可。製作上，先將綠豆澱粉加水攪拌成麵糰，然後放入成形器中壓製成絲。入鍋煮上20秒，掛在杆子上晾乾後，再將粉絲放到零下20℃的冷凍庫中冷凍，使粉絲相互分離，不致黏在一塊兒，冷凍個20至24小時，自然化冰，最後放入隧道式乾燥機中定型，正宗綠豆粉絲就完成了。

美味的分享

在端午節後至立秋期間，陽光普照，是製作豆粕、豆豉、豆醬的最佳時機。豆子發酵稱為豆粕，也就是把黃豆泡水過夜，洗淨蒸熟或煮熟後，放入透氣良好的竹編容器內攤開，厚度約1公分左右，避光放置陰涼處發酵，約一週左右陸續發酵，再經日曬一天，即可收存為豆粕，然後加料做成豆醬，是調味的好幫手。

鳳梨豆醬黃金鱒

Pineapple Fermented Beans with Golden Trout

{材料}

黃金鱒魚	100 克
生薑	2 克
蔥絲	2 克
芙蓉豆腐	20 克

{調味料}

鳳梨醬	10 克
豆醬	10 克
細砂糖	20 克
米酒	10c.c.

{作法}

1. 鱒魚去鱗、腸泥，洗淨後切片；豆腐切片；生薑切末，都備用。
2. 鱒魚片加【調味料】醃漬調味。
3. 將豆腐放入盤中，擺入鱒魚片，淋上醃漬醬汁、薑末，入蒸鍋開大火蒸熟。
4. 加蔥絲點綴。

大廚小訣竅

- ◆ 鳳梨醬、豆醬本身已有鹹味，所以蒸好後不必再放入蒸魚醬油，以免味道過鹹。
- ◆ 新北市烏來、新竹縣尖石鄉、東澳等地都有養殖黃金鱒，黃金鱒帶有油質而呈現潤滑感，肉質比起彩虹鱒等其他鱒魚較Q，加台灣特產的鳳梨醬來調味，很對味，既有營養又好吃，這道菜除了蒸，也可燜煮或煎熟，配料不變，有時不妨換個作法來嘗鮮。

醬筍花菜乾燜石茎

Stem Fish with Bamboo & Sun-dry Vegetables

｛材料｝

石茎魚	100 克
花菜乾	20 克
醬筍	10 克
薑片	5 克
蔥段	5 克
蒜片	5 克

｛調味料｝

細砂糖	20 克
鹽	5 克
米酒	20c.c.
高湯	80c.c.

｛作法｝

1. 石茎魚洗淨後切塊，炸熟備用。
2. 花菜乾洗淨，泡水至澎脹，撈出。
3. 將油倒入鍋中，加入薑片、蔥段、蒜片爆香。
4. 續加入高湯、魚塊、花菜乾、醬筍及【調味料】，燜至入味即可。

大廚小訣竅

◆ 花菜乾是台灣很傳統的一道老菜，具有濃濃的鄉土味；醬筍材料取自於麻竹筍，是樸素儉省的居家食材。

◆ 石茎魚是澎湖特有的一種魚，肉質較為細膩、紮實、Q而有勁，適合燜煮；要變換食材和口感的話，可改用豬肉。

美味的分享

醬筍的製作，是把新鮮竹筍切塊後，加入鹽拌勻，比例上，以10公斤筍加入1公斤鹽的比例醃漬，以大石頭重壓2星期，讓酸水盡出，再加入豆腐乳、醬油、二砂糖等，經6天醃漬和發酵，完成發酵，整理後就可裝罐，只要保存得宜，醬筍的風味長久不變，甘又不鹹，可當調味的佐醬或直接食用。

東港鮪魚佐紫菜米糕捲

Tuna of East-port and Rice Rolls

大廚小訣竅

- 東港黑鮪魚屬近海漁業，於台灣海峽和太平洋交界，黑鮪魚俗稱黑甕串，每年 4~6 月是主要產季，尤其 5 月初更是盛產期，屬東港三寶之首，另兩寶是烏魚子、櫻花蝦，東港為南台灣第一大漁港，擁有得天獨厚的黑鮪魚產業資源。我國黑鮪魚資源主要為北方的黑鮪的亞種「太平洋黑鮪」，係屬產卵洄游的族群，漁獲量世界第一。過去十年，黑鮪魚主要空運外銷日本，市場佔有率達八成以上，往往魚才剛上岸拍賣即空運外銷日本。
- 糯米如泡水時間不夠，可用汆燙方式，將糯米汆燙後再蒸。

{材料}

A	鮪魚	150 克
	蘆筍	50 克
	抹茶鹽	30 克
B	糯米	200 克
	五花肉	50 克
	芋頭	50 克
	香菇	50 克
	開陽（蝦米）	10 克

{調味料}

醬油	100c.c.
米酒	50c.c.
白胡椒粉	適量

{其他}

酥炸粉	適量
紫菜	1 張
細砂糖	100 克
老薑	100 克
胡麻油	100c.c.
紅蔥頭	100 克

{作法}

1. 鮪魚洗淨，用抹茶鹽醃漬 30 分鐘，煎至七分熟，切塊備用；蘆筍汆燙。
2. 糯米洗淨，泡水 3 小時，再將【材料 B】其他食材切丁，混成米飯入蒸鍋蒸熟。
3. 紅蔥頭、老薑切細末，再用胡麻油爆香，加入【調味料】拌勻，再拌入蒸好的糯米飯，待涼後包入紫菜中，用酥炸粉油炸，切成片狀。
4. 把醃好鮪魚塊、炸好米糕捲片、汆燙過的蘆筍放入盤中，即可享用。

西瓜綿松葉蚧腳豬肉捲

Pine Needle Crab Feet Pork Roll

{材料}

A	香草豬	300 克
	豬網油	1 張
	鴨賞	100 克
	紫山藥	50 克
	火腿	30 克
	飛魚卵	10 克
	鴻喜菇	10 克
B	西瓜綿	30 克
	薑末	1 克
	松葉蟹腳（蚧腳）	1 支
	香草豬絞肉	20 克
	蔥花	2 克

{調味料}

蜂蜜	50 c.c.
醬油	20 克
香菜葉	2 片
米酒	20 c.c.
鹽	10 克

大廚小訣竅

- 香草豬是吃天然香草長大的豬，平時採用鼠尾草、迷迭香、羅勒等歐式香草及特殊中草藥配方飼養，不含黃磺胺藥劑，飼養全程不使用任何生長激素或類固醇，達到肉品安全、風味獨特、養生把關三大優質目標，吃起來的肉質超香Q，油質甘甜無腥味，肉質較細緻。
- 西瓜綿在烹調時不可沖洗太久，以免味道流失。

{作法}

1. 香草豬切成片狀，加入【調味料】醃漬入味，備用。
2. 鴨賞、紫山藥、火腿切粒狀，包入香草豬肉片內成圓形，外層再包入豬網油，入鍋煎過後，烤熟，切片。
3. 取〈**作法 1**〉的醃漬醬汁當做蜂蜜燒烤醬；西瓜綿取皮一半切片、另一半切絲。
4. 豬絞肉拌入蔥花、薑末，釀入蟹腳內，入蒸鍋內蒸熟。
5. 西瓜綿皮與西瓜綿絲分別氽燙，再把皮墊底，放入蚧腳，最上放西瓜綿絲。
6. 組合豬肉捲、豬絞肉蟹腳盛盤，以飛魚卵及鴻喜菇（氽燙）點綴，即可上桌。

大溪腐乳 vs 澎湖明蝦

Dao-Zu of Dshi with Salted Duck Egg & Prawns

大廚小訣竅

- 桃園大溪豆干、豆腐乳遠近聞名，黃腐乳口味較甜，常用來佐配當小菜，白腐乳則帶有鹹味，可入菜調味，紅腐乳是因加入麻油或辣椒而帶有辣味。腐乳醬屬於較鹹性的食品，在調味時不可一次加太多，以免影響味道。
- 在雨量充沛的蘭陽平原，溪澗和池塘特別多，也因此養鴨業十分興盛，所產的鴨隻肉質鮮美。為了長久保存鴨肉的新鮮，聰明的宜蘭人想出了將鴨肉醃製、煙燻的好方法，造就了今日揚名全台的鴨賞，道地的宜蘭鴨賞一定要用外皮紫黑色的甘蔗燻製，才能使外皮甘冽芳香，而鴨隻一定要挑選養熟、約3斤左右的鴨子，去除肉臟後，以鹽巴均勻刷上，然後掛置於木箱內以煤炭烤乾，以甘蔗煙燻，直到體內的油脂由表皮滲出、欲滴而未滴，且表皮呈金黃色澤，再送到熱鍋中蒸煮。至此，約需花費7小時左右，蒸煮完成後，就可去骨，並以真空打包。一般正統鴨賞的吃法是將鴨肉剁成細絲，摻上白醋、酒、蔥、蒜及香油等調味料，攪拌後食用。

{材料}

鴨胸肉	300克
山藥	150克
鵝肝	80克
明蝦	80克
蘆筍	30克
魚漿	50克
腐皮	1張
香菇	20克
鹹蛋黃	1粒

{調味料}

豆腐乳	50克
白腐乳	50克
胡麻油	10c.c.
花椒	5克
米酒	20c.c.
細砂糖	20克

{作法}

1. 鴨胸加入【調味料】醃漬3小時後，入鍋煎熟，切片。
2. 山藥切成塊狀，入蒸鍋，開大火蒸熟。
3. 鵝肝切片，明蝦取肉，備用。
4. 將腐皮攤開，依序擺入魚漿、蘆筍、香菇、鹹蛋黃、明蝦，捲成圓筒狀，入鍋油炸熟後，切成條捲狀。
5. 將蒸熟山藥、煎熟鴨胸、鵝肝擺入盤中，再將醃漬醬汁煮滾成醬汁，淋上盤。
6. 把蝦捲擺入盤中，即可上桌。

Part 4

小 吃

斗六肉圓

Steam Meat Ball

{材料}

後腿赤肉（瘦肉）	80克
竹筍	30克
香菇	10克
油蔥酥	10克
白胡椒粉	5克
鹽	10克
細砂糖	15克
太白粉	15克
香油	10克

{粉漿}

粘米漿	300克
冷開水	300c.c.
鹽	20克
細砂糖	150克
熱水	750c.c.

{醬汁}

海山醬	80克
味噌	30克
番茄醬	50克
細砂糖	60克
開水	150c.c.
糯米粉	適量

大廚小訣竅

◆ 熱水倒入粉漿時勿太快，以免太濃稠、結塊。醬料依各人口味，也可加入蒜泥醬油。

◆ 這是一道傳統的彰化斗六肉圓作法，也可加入紅麴做出創新的變化，讓紅色透出QQ的粉漿皮層，更能逗引食慾。

{作法}

1 後腿赤肉洗淨切丁，竹筍、香菇洗淨後切丁。
2 〈**作法1**〉加入其餘材料拌勻成餡料。
3 粘米漿與冷開水調勻成粉漿水；熱水煮沸，加入鹽、細砂糖拌勻，慢慢倒入粉漿水中調勻成粉皮。
4 將內圓容器抹上少許沙拉油後，將〈**作法3**〉粉漿皮填入，再放入〈**作法2**〉肉餡，再覆蓋一層粉漿皮，蒸約8分鐘後取出。
5 **【醬汁材料】**放入鍋中煮沸成醬汁後，用糯米粉加點水勾芡，即成淋醬。
6 將蒸熟的肉圓放入碗內，淋上醬汁即可享用。

布袋蚵仔煎

Pan Fried Oyster

{粉漿}

地瓜粉	100 克
太白粉	50 克
冷開水	330c.c.
細砂糖	1.5 克
鹽	2.5 克
白胡椒粉	適量
香油	適量
米酒	適量

{材料}

蚵仔	80 克
雞蛋	1 顆
小白菜	50 克

{醬汁}

甜辣醬	80 克
味噌	5 克
細砂糖	50 克
醬油膏	40 克
番茄醬	60 克

{其他}

熱開水	160c.c.
太白粉水	適量

{作法}

1. 【粉漿材料】調勻，即成粉漿。
2. 蚵仔洗淨，小白菜洗淨後切段狀，雞蛋打勻成蛋液，均備用。
3. 【醬汁材料】加入熱開水煮沸，再用太白粉水勾芡。
4. 烹調用油倒入鍋中，加入粉漿、蚵仔、雞蛋、小白菜。
5. 兩面煎熟後，淋上醬汁即可。

大廚小訣竅

- 粉漿入鍋前一定要攪拌均勻，口感才會綿密。
- 嘉義縣布袋海港的蚵仔，新鮮肥大，最適合用來製作台灣前三名美味小吃之列的蚵仔煎。如不吃蚵仔，可用蝦仁或花枝替代。

台灣牛肉麵

Taiwanese Beef Noodles

大廚小訣竅

- 牛肉可依個人喜好，選擇牛腩或牛腱來烹調。烹調時，中藥勿放太多，以免影響牛肉的鮮美滋味。
- 台北有舉辦牛肉麵節，相當成功，帶動牛肉麵也成為台灣人愛吃的美食首選，台灣用的是黃牛肉，品質佳，湯頭也香醇。

{材料}

牛腩	600 克
牛筋	600 克
洋蔥	50 克
白蘿蔔	50 克
紅蘿蔔	50 克
蘋果	30 克
牛番茄	50 克
西芹	30 克
蒜頭	20 克
粉蔥	30 克
白麵	150 克
蔥花	5 克

{調味料}

調味料	份量
醬油膏	200 克
醬油	200c.c.
辣豆瓣醬	80 克
冰糖	100 克
八角	3 粒
花椒	5 克
白胡椒粒	5 克
甘草	2 克
辣椒乾	2 克
米酒	600c.c.
月桂葉	2 片
陳皮	5 克
雞湯	適量

{作法}

1. 牛筋、牛腩切塊後，用熱水汆燙去血水，備用。
2. 洋蔥、白蘿蔔、紅蘿蔔、蘋果、牛番茄、西芹均洗淨後去外皮。
3. 在鍋中放入雞湯、〈**作法 1、2**〉、蒜頭、粉蔥、【**調味料**】，一起滷約2.5小時出味。
4. 麵條用熱水燙熟，加入牛肉、牛筋和牛肉湯，再加進蔥花即可。

九份草仔粿

Wild Grass Kuow

{材料}

豬絞肉	80 克
紅蔥油	20 克
豬油	20c.c.
香油	10c.c.
菜脯米	150 克
蝦米	30 克
蝦皮	30 克

{調味料}

白胡椒粉	5 克
黑胡椒粒	10 克
鹽	10 克
細砂糖	20 克

{粉漿}

艾草粉	50 克
糯米漿	150c.c.
澄粉	20 克
熱水	20c.c.
細砂糖	20 克
米酒	20c.c.
海苔粉	5 克

大廚小訣竅

- 菜脯米本身有鹹味，調味時勿放太多鹽等調味料，以免味道過重。
- 艾草是中國自古以來傳統上度五月五日端午節時，掛於家戶門庭上的避邪植物草束，綠色的艾草粿是相當特殊的客家食物，如要融入創意，可把艾草粉用紅麴或抹茶、竹炭代替，就能做出紅色、鮮綠、黑色的粿來享用了。

{作法}

1. 澄粉加入熱水燙成熟麵，加入其餘【**粉漿材料**】揉搓成外皮麵糰，擀壓成圓扁餅皮。
2. 菜脯米、蝦米、蝦皮洗淨。
3. 豬絞肉、豬油、紅蔥油入鍋炒香後，加〈**作法 2**〉、【**調味料**】炒勻後，拌入香油，即成餡料。
4. 把餡料適量地包入餅皮內，包好。
5. 放入蒸鍋，以大火蒸約 10 分鐘即可。

干貝麻豆碗粿

Scallop One-kuow

大廚小訣竅

- 菜脯勿沖洗太久，以免味道流失。
- 這是道正統的台南縣麻豆碗粿，屬傳統小吃，作法很多種，也可用福菜、絞肉、開陽白菜、菜脯、香菇加高湯、太白粉水勾芡後，淋上碗粿。此外，碗粿中可加蛋黃或芋頭，增加口感的豐富性。

{材料}

材料	份量
糯米粉	150 克
馬蹄粉	10 克
澄粉	10 克
開水	230c.c.
熱水	375c.c.
干貝	30 克
油蔥酥	20 克
蔭油膏	100 克

{餡料}

餡料	份量
菜脯	50 克
乾香菇	20 克
蝦皮	10 克
豬絞肉	20 克
油蔥酥	20 克

{調味料}

調味料	份量
醬油	20c.c.
細砂糖	20 克
鹽	15 克
白胡椒粉	10 克
香油	30c.c.

{作法}

1. 糯米粉、馬蹄粉、澄粉，用開水拌均勻；菜脯洗淨，香菇泡水泡軟後切丁。
2. 菜脯、香菇丁加入其餘**【餡料材料】**、**【調味料】**攪拌，炒均勻成餡料。
3. 粉漿加入干貝、油蔥酥及鹽、細砂糖、白胡椒粉、香油拌勻。
4. 再加入熱水拌勻，拌至有少許稠度時，倒入容器內，放上餡料，整個放進蒸鍋內蒸熟，取出淋上蔭油膏即可食用。

度小月擔仔麵

Street Side Noodles

大廚小訣竅

- 肉燥以豬後腿肉為上品。蝦子高湯是以清水、大骨、雞骨所熬蝦子而成的上湯。
- 肉燥麵中，最負盛名的是「度小月擔仔麵」，創始人洪芋頭先生因東北季風來臨時，無法從事本業出海捕漁，乃把母親的滷肉燥結合煮麵，在麵攤高掛的燈籠上寫上「度小月」，沒想到生意大好，從此揚名，也成為台南小吃的代表。

{材料}

豬後腿肉末	300克
紅蔥頭	100克
香菇	100克
米酒	150c.c.
醬油	100c.c.
五香粉	適量
冷開水	適量
油麵	150克
韭菜	20克
豆芽	20克
蝦子	1隻
香菜	適量

{調味料}

蝦子高湯	250c.c.
鹽	15克
細砂糖	15克
白胡椒粉	適量

{作法}

1. 蝦子汆燙熟，去殼，備用。
2. 紅蔥頭切末，香菇洗淨後切丁，放入鍋中炒香，再加豬後腿肉末、米酒、醬油、五香粉、冷開水滷約3小時，即濃縮成肉燥。
3. 油麵加入韭菜、豆芽與蝦子，一起用熱水燙熟後，盛入大碗中。
4. 蝦子高湯加入【調味料】煮沸後，加入肉燥。
5. 擺上香菜裝飾，即可上桌。

澎湖金瓜炒米粉

Sauté Pumpkin with Vermicelli

{材料}

金瓜	150 克
米粉	150 克
洋蔥	30 克
粉蔥	10 克
香菇	10 克
黑木耳	10 克
豬肉絲	20 克
開陽(蝦米)	10 克

{調味料}

醬油	50c.c.
細砂糖	20 克
白胡椒粉	5 克
香油	適量
高湯	適量
鹽	20 克

{醃料}

醬油	2c.c.
鹽	2 克
細砂糖	2 克
太白粉	2 克
米酒	2c.c.

大廚小訣竅

◆ 米粉汆燙過後，用乾淨的布覆蓋著，可讓米粉在炒的時候較有彈性。

◆ 善用各地特產食材，新竹的細條米粉能吸入澎湖南瓜的香甜味道，使這道米粉更加滋味豐富而好吃。

{作法}

1. 米粉汆燙過，用乾淨的布覆蓋著。
2. 金瓜去皮後，瓜肉切絲，香菇、黑木耳各洗淨後切絲，洋蔥、粉蔥洗後切段，備用。
3. 豬肉絲放入【醃料】中醃漬約10分鐘入味。
4. 熱鍋倒入沙拉油，爆香醃好豬肉絲、開陽及〈作法2〉中的材料。
5. 倒入高湯煮熱。
6. 再將燙好米粉放入鍋中。
7. 加【調味料】燜煮到香Q即可。

士林大腸蚵仔麵線

Oyster Brown Vermicelli

大廚小訣竅

◆ 大腸麵線中可加入少許大腸滷汁，更加味濃。士林夜市是全台灣最受歡迎的夜市，也是外地遊客來台最想拜訪、吃美食的地點，夜市洋溢趣味，是台灣自由、經濟化社會裡的一景，大腸麵線不限於士林夜市，但士林夜市名氣大，所以備受注目，白麵線煮過，色轉紅色，再煮時較不爛，可耐久煮，擺攤時較好控制，據傳沿自士林夜市等地作法，大家漸趨仿效，形成紅麵線的特色。

◆ 柴魚高湯比例約 100 克粗柴魚搭配 1500c.c. 水。

{材料}

滷好的大腸	30 克
蚵仔	30 克
紅麵線	100 克
竹筍	20 克
油蔥酥	80 克
香菜	適量
蒜泥	少許
地瓜粉	適量
太白粉水	適量

{調味料}

沙茶醬	100 克
柴魚高湯	600c.c.
細砂糖	100 克
鹽	50 克
醬油	50c.c.
烏醋	適量
香油	適量

{作法}

1. 大腸可先用些許醬油、八角滷入味，切成厚片狀；竹筍切絲，都備用。
2. 蚵仔洗淨，裹上地瓜粉，放入熱水中燙熟。
3. 麵線放入溫水中浸泡 5 分鐘變軟，取出瀝乾水份。
4. 柴魚高湯倒入鍋中，放入麵線、筍絲、油蔥酥及【調味料】，再用太白粉水勾芡，煮好麵線後盛入大碗。
5. 擺入〈**作法 2**〉蚵仔、〈**作法 1**〉大腸，用蒜泥調味。
6. 最後以香菜裝飾即可。

Part 5

點　心

八寶芋圓

Taro Mash with Eight Treasures Mix

{材料}

芋頭	100 克
綜合蜜餞	30 克
蓮蓉	20 克

{調味料}

細砂糖	50 克
鮮奶油	50c.c.
米酒	20c.c.
太白粉水	適量

{作法}

1. 芋頭去皮後切片，蒸熟，磨成泥漿狀，加入細砂糖、鮮奶油、米酒拌勻。
2. 取一湯碗，放蓮蓉做底後，加入蜜餞排列整齊。
3. 再將拌好的芋泥放入碗內，移入蒸鍋內蒸熟。
4. 將蒸好的八寶芋圓倒扣到碗中，最後以太白粉水、些許細砂糖勾芡混合液，淋上即可。

大廚小訣竅

◆ 芋頭選購時，以檳榔心芋頭口感最優，大甲的檳榔心芋頭口感最優，大甲的檳榔芋產量大且有名，口感香濃紮實。

◆ 可採用彰化縣員林百果山的蜜餞來做這道傳統甜點，夏日冰涼後再吃，非常甜蜜、有嚼勁。

粉粿凍山粉圓

Wild Seeds and Jelly

{材料}

粉粿	50 克
山粉圓	20 克
水果丁	15 克

{調味料}

黑糖	30 克
開水	100c.c.

{作法}

1 取現成的粉粿，切丁備用。

2 開水、山粉圓一起入鍋煮開。

3 加入〈**作法 1**〉粉粿丁和黑糖煮熟。

4 食用時加入水果丁即可。

大廚小訣竅

◆ 山粉圓是山地野生植物「山香草」採收的黑色種子，可健胃整腸及降火。

◆ 水果丁也可自切喜愛的水果如水蜜桃、鳳梨、洋梨或買現成的罐頭，另外還可再加上地瓜丁；粉粿可買現成的使用，夏天冰過吃來十分清爽。

黑糯米甜芋圓

Sweet Taro In Black Glutenous Rice

{材料}

黑糯米　20克
芋頭　50克

{調味料}

鮮奶油　20c.c.
細砂糖　20克
糖水　100c.c.

{作法}

1. 黑糯米洗淨，加水蒸約50分鐘蒸熟備用。
2. 芋頭去皮後切片，蒸約50分鐘後，將芋頭搗泥，加入鮮奶油、細砂糖拌勻，捏或塑模成圓球形，如乒乓球般的大小。
3. 芋圓球放入深盤中，再將黑糯米與糖水一起煮沸後，倒入盤內即可。

大廚小訣竅

◆ 黑糯米就是俗稱「紫米」的紅糯米，主要產於花蓮光復鄉，是阿美族特有的旱稻品種，也是原住民傳統的農作物，黑糯米被譽於稻米中的黑珍珠，米粒外表糠層呈現深紫色，產量遠低於一般水稻品種，但營養很高，補血益氣。

◆ 黑糯米中可加紅豆讓味道更香濃，糖水比例可依個人喜愛調整。也可直接只以芋丁煮糖水，吃起來有南洋摩摩喳喳甜點的感覺。

台中珍珠粉圓冰

Pearl Starch Tiny Ball Ice

{材料}

細碎冰	200 克
珍珠粉圓	30 克
綜合蜜餞	50 克

{調味料}

糖水	適量
煉乳	適量

{作法}

1 珍珠粉圓洗淨，放入湯鍋煮熟到呈透明狀，撈出。

2 細碎冰放入盤中，擺入粉圓、蜜餞，淋上糖水、煉奶即可享用。

大廚小訣竅

◆ 粉圓煮熟後，可用糖水浸泡著，食用時較有味道。而粉圓細碎冰更早即在傳統早市裡販售，這裡姑且稱為台中珍珠粉圓冰，說明創意發想與食材結合，往往能造就新款美食小吃的趣味性。

◆ 煮粉圓方法：重點是要放足夠的水，才不容易煮糊，水先煮沸後才能加入粉圓，等粉圓首次浮上來才可轉為中小火，此時不可攪拌以防黏結，注意隨時加水，以免粉圓煮不熟，大顆的珍珠粉圓約煮 30 ~ 40 分鐘左右，關火，燜個 25 分鐘，試吃時口感香 Q 有彈性，即可撈起，用冷開水沖洗數次，否則易濃稠相黏。

壓力鍋
DUROMATIC

Swiss engineered and Swiss made,
it's more than a pressure cooker.
With our handy accessories
it's a cooking system.

KUHN
RIKON
SWITZERLAND

ECCLOGICAL COOKWARE

Our world-renowned DUROMATIC Pressure
Cookware creates meals in minutes using up to 70%
lessenergy and cooking time.

瑞康屋

KUHN RIKON SWISS DESIGN | UCOM | bamix of Switzerland 寶迷 | PUREJADE 璞擎

瑞康國際企業股份有限公司
RAKEN INTERNATIONAL CO.,LTD.
友康國際股份有限公司
UCOM HOUSE INTERNATIONAL CO.,LTD.

11175
台北市士林區社中街434號
電話 02 2810 8580 / 0800 39 3399
傳真 02 8811 2518

Cooking：1

尋找台灣味

Regional Taiwanese Cuisine

作　　者 / 許志滄
文字執行 / 林麗娟
總 編 輯 / 薛永年
美術總監 / 馬慧琪
文字編輯 / 董書宜
美術編輯 / 黃頌哲
攝　　影 / 陳先治、張伯倫

出 版 者 / 優品文化事業有限公司
地址：新北市新莊區化成路 293 巷 32 號
電話：(02) 8521-2523 / 傳真：(02) 8521-6206
信箱：8521service@gmail.com
（如有任何疑問請聯絡此信箱洽詢）

印　　刷 / 鴻嘉彩藝印刷股份有限公司

業務副總 / 林啓瑞 0988-558-575

總 經 銷 / 大和書報圖書股份有限公司
地址：新北市新莊區五工五路 2 號
電話：(02) 8990-2588 / 傳真：(02) 2299-7900
網路書店：www.books.com.tw 博客來網路書店

出版日期 / 2020 年 11 月
版　　次 / 一版一刷
定　　價 / 350 元

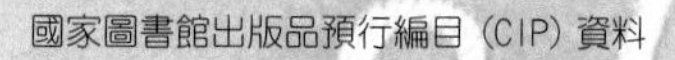

國家圖書館出版品預行編目（CIP）資料
尋找台灣味 / 許志滄著. -- 一版. --
新北市：優品文化, 2020. 11；128 面；
19x26 公分. --（Cooking；1）
ISBN 978-986-99637-4-9（平裝）
1. 食譜 2. 臺灣
427. 133　　109017282

Printed in Taiwan

書若有破損缺頁，請寄回本公司更換

著作權聲明

本書之封面、內文、編排等著作權或其他智慧財產權均歸優品文化事業有限公司之權利使用，未經書面授權同意，不得以任何形式轉載、複製、引用於任何平面或電子網路。

商標聲明

本書中所引用之商標及產品名稱分屬於其原合法註冊公司所有，使用者未取得書面許可，不得以任何形式予以變更、重製、出版、轉載、散佈或傳播，違者依法追究責任。

版權所有 ‧ 翻印必究

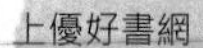

上優好書網

FB 粉絲專頁

（黏貼處）

尋找台灣味

讀者回函

◆ 為了以更好的面貌再次與您相遇，期盼您說出真實的想法，給我們寶貴意見 ◆

姓名：	性別：□男　□女	年齡：　　　歲
聯絡電話：（日）　　　　（夜）		
Email：		
通訊地址：□□□－□□		
學歷：□國中以下　□高中　□專科　□大學　□研究所　□研究所以上		
職稱：□學生　□家庭主婦　□職員　□中高階主管　□經營者　□其他：		

● 購買本書的原因是？

□興趣使然　□工作需求　□排版設計很棒　□主題吸引　□喜歡作者　□喜歡出版社

□活動折扣　□親友推薦　□送禮　□其他：＿＿＿＿＿＿＿＿

● 就食譜叢書來說，您喜歡什麼樣的主題呢？

□中餐烹調　□西餐烹調　□日韓料理　□異國料理　□中式點心　□西式點心　□麵包

□健康飲食　□甜點裝飾技巧　□冰品　□咖啡　□茶　□創業資訊　□其他：＿＿＿＿

● 就食譜叢書來說，您比較在意什麼？

□健康趨勢　□好不好吃　□作法簡單　□取材方便　□原理解析　□其他：＿＿＿＿

● 會吸引你購買食譜書的原因有？

□作者　□出版社　□實用性高　□口碑推薦　□排版設計精美　□其他：＿＿＿＿

● 跟我們說說話吧～想說什麼都可以哦！

寄件人 地址：

姓名：

廣 告 回 信
免 貼 郵 票
三重郵局登記證
三重廣字第0751號

平 信

24253 新北市新莊區化成路 293 巷 32 號

上優文化事業有限公司　收

（優品）

尋找台灣味　**讀者回函**

（請沿此虛線對折寄回）

優品文化事業有限公司
電話：(02)8521-2523
傳真：(02)8521-6206
信箱：8521service@gmail.com

上優好書網　FB 粉絲專頁